珠宝玉石

简易鉴定手册
Gem Appraisal Manual

第二版

肖秀梅　屈奋雄　编著

化学工业出版社

·北京·

本书简明扼要地介绍了珠宝玉石的定义和文化特征，意在纠正大家的一些错误概念和认识。同时，本书从市面上常见的高档宝石、中低档宝石、有机宝石、高档玉石、中低档玉石入手，介绍了它们的基本特性、分类、品种、定位。向珠宝爱好者和消费者介绍了非专业人士能够掌握的简单的鉴定珠宝玉石的技法以及它们与仿制品的区别。由于每种珠宝玉石都分为收藏级和普通级，所以本书从消费者的角度教给大家如何从珠宝玉石的颜色、大小、净度、加工、透明度等方面评价其质量好坏以及如何选购和收藏。相应地，书中还附上了图片及图注，以给大家直观的判断。除此之外，本书还给出了这些珠宝玉石的产地、特征和它们目前在国际和国内市场上的参考价格。

图书在版编目（CIP）数据

　　珠宝玉石简易鉴定手册／肖秀梅，屈奋雄编著．—2版．—北京：化学工业出版社，2017.5
　　ISBN 978-7-122-29428-9

　　Ⅰ．①珠…　Ⅱ．①肖…②屈…　Ⅲ．①宝石－鉴定－手册②玉石－鉴定－手册　Ⅳ．①TS933-62

　　中国版本图书馆CIP数据核字（2017）第068805号

责任编辑：郑叶琳　张焕强　　　　　　　　　装帧设计：尹琳琳
责任校对：王素芹

出版发行：化学工业出版社（北京市东城区青年湖南街13号　邮政编码100011）
印　　装：北京久佳印刷有限责任公司
880mm×1230mm　1/32　印张6¾　字数224千字
2019年4月北京第2版第1次印刷

购书咨询：010-64518888　　售后服务：010-64518899
网　　址：http://www.cip.com.cn
凡购买本书，如有缺损质量问题，本社销售中心负责调换。

定　　价：48.00元

前　言

　　自然界中的矿物有三千多种，但能作为宝石的却只有二百多种，市场上常见的珠宝玉石约有二十多种。过去只有皇亲国戚才能拥有的珠宝，今天逐渐走入平常百姓家。但是市面上的珠宝玉石的质量良莠不齐，这其中有真品，也有仿制品，还有"化妆"甚至"整容"的珠宝。本书的重点就是向消费者介绍常见宝石的特征、简易鉴定方法，该种宝石主要的仿品，以及参考价格。

　　珠宝鉴定的第一步是证明其是某种宝石，简单地说就是"证明我是我"。例如，商家如果说这是红宝石，我们就可以用简易方法检测，看看它是不是红宝石。如果是，第二步就是要鉴定该宝石是否经过了"化妆"（行业里称之为"优化"）和"整容"（行业里称之为"处理"）。本书涵盖常见的二十多种珠宝玉石，对每一个宝石品种的介绍均包含以下内容：

　　● 宝石学特征：即"我是谁"。宝石的宝石学数据特征，相当于人的身高、体重、血型、指纹，这些是证明"我是我"的基础。

　　● 简易鉴定方法：如何用简易方法证明"我是我"。当然，用专业仪器鉴定的方法就不说了，那是珠宝鉴定实验室的事。

　　● 质量好坏的鉴定：啥样的宝石颜值高。在真的宝石中区分好坏，这与价格有很大关系。

　　● "化妆"和"整容"：介绍购买该种宝石时需要注意的"化妆"和"整容"。

　　● 常见仿品：介绍该种珠宝玉石常见的仿品。

　　● 市场价格：探寻宝石的身价如何，我是否又买贵了。如果低于合理的价格，就要怀疑其真假。

　　本书的第一版销售很好，多次印刷。本次修订做了较大改动，目的是简明、实用，集二十多个宝石品种最核心的"干货"。为节约篇幅，常见仿品的鉴别集中在最后一章介绍。专业人士和需要详细内容的读者，可以选择笔者编写的单一品种珠宝玉石的专著，每种宝石的介绍会详细得多。也许有读者说好多内容网上都有，不过，网上的信息虽然丰富但很杂乱，部分内容还是错误或不系统的。笔者作为珠宝专业人士，从事珠宝教学、鉴定二十多年，书中内容以国家标准和专业内容为依据，这点与网上的信息和非专业人士的书不同。

　　本书的图片大多来自珠宝鉴定和展会。同时，本书的编写得到了天津地质研究院、天津宝玉石研究所、天津珠宝街的大力支持，在此表示感谢。欢迎读者关注作者的微博"珠宝街首席鉴定师"、微信号"肖秀梅"，也可以通过邮箱与作者联系，邮箱地址为23202819@163.com。

目 录

目 录

目　录

第一章

珠宝玉石真假与鉴定

一、国标定义的珠宝玉石

根据我国现行珠宝行业国家标准《珠宝玉石名称》GB/T 16552-2010，珠宝玉石（gems）泛指经过琢磨、雕刻后可以成为首饰或工艺品的材料，是天然珠宝玉石和人工宝石的统称，简称宝石。

市场上通常说的宝石仅指国标中的天然珠宝玉石。根据国标，天然珠宝玉石是指自然界产出的、具有色彩瑰丽、晶莹剔透、坚硬耐久、稀少及可琢磨、雕刻成首饰和工艺品的矿物、岩石和有机材料。

天然珠宝玉石在自然界的品种是非常多的，根据国家标准，天然珠宝玉石分为天然宝石、天然玉石、天然有机宝石。

（一）天然宝石

天然宝石是指自然界产出的，具有美观性、耐久性、稀缺性和工艺价值，可加工成工艺品的矿物单晶体或双晶体。常见的天然宝石主要有钻石、红宝石、蓝宝石、祖母绿、猫眼、碧玺、尖晶石、托帕石、水晶、海蓝宝石、石榴石、坦桑石、葡萄石等。

▲ 玫红色碧玺坠

▲ 海蓝宝石，3.5厘米×4厘米×5.5厘米，纳米比亚，1000美元

（二）天然玉石

天然玉石是指自然界产出的，具有美观性、耐久性、稀缺性和工艺价值的矿物集合体，少数为非晶质体。新疆的和田玉、湖北郧县等地的绿松石、

河南南阳的独山玉及辽宁岫岩的岫玉被誉为"四大名玉"。其他常见的天然玉石还有翡翠、玛瑙、玉髓、青金石、欧泊等。

▲ 湖北绿松石大圆珠

▲ 精美黑欧泊，颜色亮丽，火彩明显

（三）天然有机宝石

天然有机宝石是指由自然界生物生成，部分或全部由有机质组成，可用于制作首饰及装饰品的材料。天然有机宝石主要有珍珠、珊瑚、琥珀，还有受保护的玳瑁、砗磲等。

▲ 珍珠，金黄色，直径14毫米，表面光洁度稍差，批发价4500元/粒

二、真假宝石辨析

在珠宝的鉴定中，消费者最关心的就是对真假的鉴定，因为大家最怕买到假货、上当受骗。那么什么样的宝石为真？

（一）天然宝石为真，人工宝石为假

按照传统的理解，天然宝石为真，人工宝石为假。根据现行珠宝行业国家标准《珠宝玉石名称》GB/T 16552-2010，在给天然宝石命名时，不需要加"天然"进行修饰。比如销售时说的"钻石"，就是指"天然钻石"；如果是销售"合成钻石"就不能只写为"钻石"，应该说明其为合成，如"合成钻石""实验室合成钻石"等。由于合成宝石是在人为模拟大自然的环境下制作出来的，因此宝石是非常完美的，而且可以完美复制。所以，尽管其质量完美，但不完全被人们接受，属于"假宝石"，销售时需要注明。

（二）仿冒替身为假

不同的宝石价格不一，仿品、替身为假。比如销售钻石时，用天然锆石代替，虽然是天然锆石，但性质为售假。更为过分的是有，些无良商家用人

▲ 天然锆石，呈水滴形，强色散。与钻石很类似

工品仿冒钻石进行销售，如人造钛酸锶、合成碳硅石等。

（三）古玉的真假

古玉是指古代加工的玉石，因为有历史文化价值，一般比现代加工的玉石要贵。如果把现代加工的玉石当古玉销售，此为现代仿品，可视为作假。其中，为了仿古玉，要做一些仿旧处理。当然还有老仿品，比如用清代的玉仿更早年代的。

古玉鉴定分为材质鉴定和加工时代鉴定。材质鉴定可以参考本书后面的内容。至于加工时代的鉴定，在古玩行业中，所谓"真"是指该件珠宝玉石是过去加工的（通常为民国之前），现代加工的则为假，这种真假是年代的真假，而不是材质的真假。而对古玉年代的鉴定，则属于另一个学术范畴，不属于珠宝玉石真假的鉴定范畴。

三、珠宝玉石的"化妆"与"整容"

天然宝石为真宝石。然而天然宝石是稀有的，好多是有瑕疵的。为了更好地利用天然宝石材料，使其更为美丽、耐用，满足消费者的需求，在将天然珠宝玉石加工为产品过程中，常常会对其进行优化和处理。这就如同找对象，大家都希望找一个天然美女或帅哥，但有些人为了美丽、帅气，常常进行化妆甚至整容。对珠宝玉石的优化就如同"化妆"：使用一些常规的优化方法，使天然宝石更加美丽或耐久。对珠宝玉石的处理则如同"整容"，即使用一些过度的方法。国家标准对优化处理的定义如下：

（一）优化处理的概念（enhancement）

优化处理是指除切磨和抛光外，用于改善珠宝玉石的外观（颜色、净度、透明度、光泽或特殊光学效应等）、耐久性或可用性的所有方法。分为优化和处理两类。

（二）优化（enhancing）

优化是指传统的、被人们广泛接受的、能使珠宝玉石潜在的美显现出来的优化处理方法。

（三）处理（treating）

处理是指非传统的、尚不被人们广泛接受的优化处理方法。

常见的优化处理方法包括热处理、染色、辐照、覆膜、注油、漂白、浸蜡等，对每种宝石来说，什么方法是优化、什么方法是处理，在国标中也有说明，我们则会在每种宝石的鉴定部分详细解读，因为这些内容是珠宝机构进行珠宝鉴定的依据。

根据国标，经过"优化"的宝石仍然属于天然宝石，销售、鉴定时可以不标注。经过处理的珠宝玉石则需要在名称前加"处理"等标注，如染色水晶。

▲ 寿星，覆膜琥珀

▲ 水晶染色仿碧玺，放大观察会看到大量的炸裂纹，内部有大量的颜色聚集

四、珠宝玉石鉴定机构、鉴定标准

（一）鉴定机构

在珠宝玉石进入市场前，珠宝都应在权威机构进行鉴定。目前中国的每个省都有正规的珠宝玉石质量鉴定部门。如果对鉴定结果有异议，可以到国家珠宝玉石质量监督检验中心（NGTC）进行复检。

在国内购买宝石时，可以索要正规鉴定机构的鉴定证书。而在国外购买的宝石有国外权威机构的证书，可以参考。但对国外的鉴定证书，消费者往往无法识别真伪。这里教大家两个方法：到权威鉴定机构网站验真，或者再到当地的珠宝检测机构进行鉴定、复查。常见的国外珠宝鉴定机构是美国宝石研究院（GIA）、欧洲宝石实验室（EGL）、瑞士宝石研究鉴定所（GRS）、美国宝石协会（AGS）、国际宝石学院（IGI）、比利时钻石高阶层议会（HRD）。

珠宝鉴定属于知识和技术密集型产业，根据国家相关规定，珠宝鉴定人员要求是珠宝玉石质量检验师（CGC），珠宝鉴定实验室必须通过中国计量认证（CMA）。一般，由中国合格评定国家认可委员会（CNAS）认证的机构会更权威些，在国际上也被认可。消费者在选购时，可以查看鉴定证书上是否有CMA和CNAS标志。

（二）鉴定标准

目前珠宝鉴定主要按照相关国家标准进行，其中最主要的是2010版三项珠宝玉石国家标准：

2010版三项珠宝玉石国家标准即《珠宝玉石名称》GB/T 16552-2010、《珠宝玉石鉴定》GB/T 16553-2010、《钻石分级》GB/T 16554-2010。这三项标准已于2010年9月26日由国家质量监督检验检疫总局、中国标准化管理委员会批准发布，并于2011年2月1日开始实施。

五、珠宝玉石的鉴定步骤与方法

（一）鉴定步骤

为了防止买到假货，对珠宝玉石真假的鉴定是消费者最关心的事情。珠宝鉴定通常分三步进行：

1.真假鉴定

第一步就是鉴定该商品是不是商家宣称的品种。商家说这是红宝石，消费者或鉴定机构一定要看看是不是天然红宝石。

2.优化处理鉴定

如果是商家说的品种，第二步就要看珠宝是否为"纯天然"，即是否经过了"化妆"和"整容"。按专业的说法，就是是否经过了"优化"和"处理"。这里需要注意的是，通常鉴定机构不做是否经过优化的鉴定。

3.质量好坏鉴定

同样是真的宝石，其价格因质量不同相差很大。比如同样是A货翡翠挂件，便宜的数百元，好的数千万元。而对质量好坏的鉴定，通常需要消费者自己把关。

（二）鉴定方法

如果喜欢珠宝，推荐大家掌握一定的珠宝鉴别常识。对于贵重的或者经自己初步判断后怀疑的珠宝，可以选择去正规的鉴定机构鉴定。大家最好在购买时就索要鉴定证书。

简易鉴定方法是不需要专业仪器，消费者有可能掌握的方法。这些方法包括观察其外观、颜色、光泽、结构、包裹体，测量其硬度、密度以及其他物理和化学属性，与该宝石的已知宝石学特征数据（本书中为"宝石学特征"）对比，从而进行判断。本书也列出了各种宝石的参考价格区间，大家可以看看自己购买的珠宝玉石是否在合理的价格区间内，如果低于合理价格要怀疑是否有假。专业机构鉴定会用到更多的专业仪器，测量更多的特征指标，比如密度、折射率、红外光谱等，相关专家的经验也会更丰富一些。

▲ 阿卡红珊瑚圆珠胸坠，直径15毫米

▲ 随形蜜蜡挂件

10

珠宝鉴定是非常专业的技术工作，准确鉴定不仅要有专业技能、多年鉴定经验，而且要有专业的仪器设备。国家对珠宝鉴定人员和鉴定机构都有严格要求。对鉴定人员的要求是，应为珠宝玉石质量检验师（CGC）。珠宝玉石质量检验师，又称国家注册鉴定师，是指经全国统一考试合格，取得质量检验师执业资格证书，并经注册成为从事珠宝业务活动的专业技术人员。珠宝鉴定时要求鉴定和复核为不同的人员。对鉴定机构要进行实验室认证。目前作假技术很发达，对一种宝石进行鉴定时，需要用多种方法综合判定。但珠宝鉴定不是科学研究，不可能花很高的成本去鉴定（因为鉴定是商业行为，但不能收那么高的服务费）。此外，珠宝鉴定要求无损鉴定（不能破坏宝石），而对部分已镶嵌的宝石，如果消费者不知道该宝石的来源背景，某些情况下鉴定是很困难的。本书介绍的最基本的简易鉴定方法，意在让消费者有初步了解和判断，如果怀疑有假，仍需要去专业鉴定机构去鉴定。

需要注意的是，鉴定机构依据国家相关标准进行鉴定，通常只做真假和是否经过处理的鉴定，而不做是否优化的鉴定、产地的鉴定、质量好坏的鉴定，也不做价格评估。

▲ 精美彩钻

珠宝玉石简易鉴定手册（第二版）

钻石是指达到宝石级的金刚石。金刚石是一种自然界产出的矿物，其主要化学成分为碳，摩氏硬度为10，是已知所有矿物中最坚硬的一种。钻石是唯一一种集最高硬度、高折射率和高色散于一体的宝石。而钻石的英文名Diamond来源于希腊语"Adamas"，意思就是坚硬，表示任何物质都破坏不了它。

钻石是勇敢、权力、地位和尊贵的象征，是英国、荷兰、纳米比亚的国石。钻石常被男女作为结婚的定情物，看成是爱情和忠贞的象征，也是四月的生辰石。钻石虽然没有颜色，但其光泽夺目，气派高雅，被讲求风度气质的英国人视为"宝石之冠"。

一、钻石的宝石学特征

钻石的宝石学身份特征如下，这是鉴定钻石的主要依据。

矿物名称	化学成分	颜色	晶体形状	其他物理性质	放大观察
金刚石，英文名为Diamond	主要为碳，除此之外，含少量的氮和硼	白色系列钻石，可以是带任何色调的白色。彩色系列钻石的颜色有粉色、绿色、蓝色、黄色、黑色等	常呈八面体、菱形十二面体、四面体及它们的聚形	密度：3.52克/立方厘米 折射率：2.452 光泽：金刚光泽 摩氏硬度：10 热导性：强	含透明矿物包体、石墨、羽毛状裂纹等

其中的矿物学成分相当于我们的DNA。晶体形态相当于我们人类的外观。放大镜观察的特征相当于我们身体外表和内部（透明宝石）的特征。鉴定矿物成分最有效的方法是把宝石切割成0.03毫米厚的薄片，用偏光显微鉴定。然而，这种方法具有极强的破坏性，通常不适用于对加工好的珠宝的鉴定。

▲ 伟大的非洲之星，也叫库里南1号，重530.20克拉

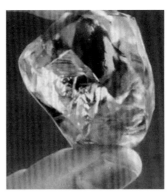

▲ 常林钻石，重158.786克拉

二、钻石的简易鉴定方法

（一）看光泽

钻石最大的特点就是具有典型的金刚光泽，其他宝石则无此特殊光泽。

（二）看火彩

由于钻石色散度高，所以在转动切工完美的钻石时，从冠部观察其亭部的刻面，会看到橙色和蓝色的闪光，这种现象也叫火彩。而仿制品的火彩则不是太强就是太弱。大家需要多多细心观察。需要注意的是，如果钻石太小，比如小于0.3克拉，火彩就不明显。

珠宝玉石简易鉴定手册（第二版）

▲ 千年星钻石（The millennium star diamond），重203.04克拉

▲ 戴比尔斯世纪之钻（DeBeersCentenaryDiamond），273.85克拉。其刻面闪闪发光，有明显火彩

（三）看颜色

钻石通常是无色的，常见的颜色还有黄色和灰色。彩色钻石多为黄色、绿色、蓝色、粉色、红色、黑色也有，但不多见，彩色钻石里颜色鲜艳的少。

▲ 粉色圆形钻石　　　　▲ 绿色钻石　　　　　▲ 黄绿色钻石

（四）亲油试验

钻石有较强的吸油性，用手抚摸后，刻面上会留有一层油膜；用油性笔在其表面划过，则会留下清晰而连续的线条。而用油性笔划过仿制品表面时，油则会聚成一个个小液滴，不会出现连续的线条。

（五）线条试验

将待测的宝石台面朝下放置在事先画好的一条直线上，如果是钻石则看不到宝石下面的线条，否则就是仿制品。

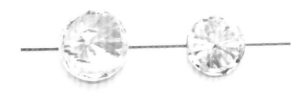

▲ 线条试验，左侧为仿制品，右侧为钻石

（六）托水试验

在干净的宝石表面滴一个小水滴，如果是钻石，水滴存在的时间会比较长；如果是仿制品，水滴则很快散开。

（七）看切磨质量

钻石是一种贵重的宝石，硬度大，要求极高的加工质量。因此，加工好的钻石各个小刻面平整，棱线锐利，小刻面间的接触点整齐划一。仿制品由于价格低廉，所以切磨质量往往很差，棱线圆滑。要是硬度更小的仿制品，棱线更是常常被磨损得很毛糙。

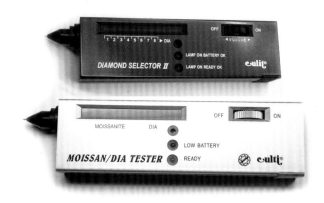

▲ 钻石笔和莫桑石笔，用于简易鉴定钻石和合成碳硅石

（八）热导仪测试

用热导仪去测试时，只有钻石和碳硅石会发出嗡鸣声，其他的仿制品则无声。

（九）看内部包裹体

除去少数高净度精品以外，天然钻石一般都含有少量瑕疵，比如矿物包体、羽状裂纹等。

（十）计算重量

测量钻石的直径和深度（单位为毫米），标准圆钻的重量＝其腰部的平均直径^2×深度×0.0061，通过这个计算公式可知重量和你买的"钻石"重量是否相符，如果相符说明是钻石，否则为仿制品。

重量（克拉）	直径（mm）	重量（克拉）	直径（mm）	重量（克拉）	直径（mm）
.03	2.0	.65	5.6	2.50	9.0
.05	2.5	.75	5.9	3.00	9.3
.07	2.7	.85	6.2	4.00	10.2
.10	3.0	1.00	6.5	5.00	11.0
.15	3.4	1.25	7.0	6.00	11.7
.20	3.8	1.50	7.4	7.00	12.4
.25	4.1	1.75	7.8	8.00	13.0
.33	4.4	2.00	8.2		
.40	4.8	2.25	8.6		
.50	5.2				

▲ 不同钻石的重量、大小和直径示意图

（十一）看切工

钻石通常有固定的几种切工样式和角度，以最大限度地体现钻石的美，把光线从台面反射出来，形成火彩。

（十二）看外观形状和晶面花纹

如果是没有加工好的钻石毛坯，其外观常呈八面体、菱形十二面体及二者的聚形。八面体的钻石晶体的晶面上常有三角形生长纹，立方体的钻石常有正方形或长方形生长纹，菱形十二面体则常有平行于对角线的凹槽。

▲ 钻石原石

三、钻石质量好坏的鉴定

钻石是国际公认的"硬通货"，有明确的质量评价标准，即钻石的4C标准，第一个C是钻石的颜色（Color），第二个C是钻石的净度（Clarity），第三个C是克拉重量(Carat Weight)，第四个C是切工(Cut)。颜色、净度、克拉重量、切工的英文都以C开头，所以简称"4C"。目前在珠宝玉石中，只有钻石在全世界范围内有标准分级指标，所以钻石和黄金一样有统一的定价标准，只要级别相同的钻石，批发价格就是一样的。

（一）钻石的颜色分级

钻石的颜色分级主要是针对无色带浅黄、浅褐或浅灰色调的钻石。大多数首饰级钻石为这一系列的钻石。钻石的无色、透明在习惯上称为白。不带任何色调的钻石颜色为最好，色调越深，质量越差。中国的国家标准将白色钻石的颜色划分为12个级别，最高的颜色等级是D，然后是E、F、G等，依次从高到低往下排列到字母N。比N差的颜色级别为＜N。钻石成品的颜色级别是跨两级，而不是单个级别，分别是D-E、F-G、I-J、K-L、M-N，只有H色是单独使用，这主要是由于镶嵌钻石的贵金属托对钻石的颜色有影响所致。

珠宝玉石简易鉴定手册（第二版）

▲ 圆形钻石，3克拉

▲ 普通圆形钻石

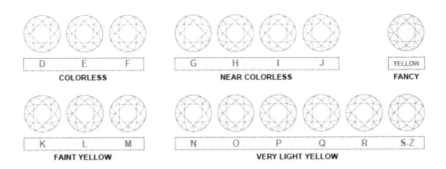

▲ 钻石颜色分级示意图

彩色钻石的颜色分级则另当别论。彩色钻石在自然界的发现量是非常少的，每10万颗"宝石级"白色钻石中，才可能发现一颗彩色钻石，因此，其在市场上非常罕见，价格也很昂贵。彩石钻石有黄色、绿色、蓝色、褐色、粉红色、橙色、红色、黑色和紫色等，珍贵的品种为绿色、蓝色、粉红色和威士忌黄色，稀有高档彩色钻石的收藏价值更高。

颜色对彩色钻石的价值或美观影响很大，因此购买彩色钻石要有权威证书，目前中国还没有彩色钻石的分级标准，只有美国宝石学院（GIA）对彩色钻石进行分级，即GIA证书，它也是在世界上比较权威的证书。GIA对彩色钻石颜色的分级如下（以蓝色为例）：

FAINT BULE 微蓝

VERY LIGHT BULE 很淡蓝

LIGHT BULE 淡蓝

FANCY LIGHT BULE 淡彩蓝

FANCY BULE 中彩蓝

FANCY DARK BULE 暗彩蓝

FANCY INTENSE BULE 浓彩蓝

FANCY DEEP BULE 深彩蓝

FANCY VIVID BULE 鲜彩蓝

▲ 收藏级黄钻，色级 Fancy Vivid Yellow，净度IF无瑕级，重量为5.09克拉，大小9.53毫米×9.52毫米×8.21毫米，缺点是切工比例很厚

（二）钻石的净度分级

钻石净度分级以10倍放大镜观察为标准，依据其内部所包含的瑕疵的位置、大小和数量的不同来划分，净度由高到低详细分为LC、VVS1-2、VS 1-2、SI1-2、P1-3。瑕疵越多、越大，或成像数量越多，所在位置越明显，则净度越差，价格也相应要降低。

1.LC级

又称无瑕级，在10×放大镜下观察，钻石内外皆无瑕疵。

2.VVS级

又称极微瑕级，在10×放大镜下观察，钻石内外具有极微小的内、外部特征。细分为VVS1和VVS2。

3.VS级

又称微瑕级，在10×放大镜下，钻石内外具有细小的内、外部特征。细分为VS1和VS2。

4.SI级

又称瑕疵级。在10×放大镜下观察，钻石具有明显的内、外部特征。又细分为SI1和SI2

5.P级

又称瑕疵级，肉眼能看见瑕疵。根据瑕疵的严重程度又分为P1、P2、P3。数字越大，级别越低，也就是数字2比1的级别低。通常VS2以上级别的钻石才具有收藏价值，一般首饰级的钻石SI、P级都可以，P级钻不具备收藏价值。

以上钻石分级是对没有镶嵌好的裸钻的分级，对于镶嵌好的成品钻石，由于存在贵金属托对钻石造成遮挡的可能，则只有大的级别，不细分小级，整个净度级别只有LC、VVS、VS、SI、P五级。

（三）钻石的克拉重量

钻石重量是以克拉为单位的，1克拉（ct）等于0.2克。在颜色、净度、切工相同的情况下，钻石的价格与重量的平方成正比，重量越大，价值越高。平常说到的多少多少分就是把一克拉平均分成一百份，每一份就是一分，钻石饰品价签上标的0.20克拉，0.50克拉就是所说20分、50分。钻石的重量和价格的变化是有一个变化范围的，如0.30~0.39克拉、0.40~0.49克拉、0.50~0.69克拉、0.70~0.89克拉、0.90~0.99克拉、1.00~1.50克拉，不同的重量区间克拉单价是不一样的。但每个重量区间内的克拉单价是一样的。不在一个重量区间内的钻石，就算差一分，价格也会相差很多。上了1克拉的钻石，价格就有飞跃式的增长。这就是为什么1克拉的钻石比99分的贵很多的原因，尽管重量只差一分，价格却有天壤之别。

（四）钻石的切工

目前主要是针对标准圆钻型切工进行分级。钻石之所以光芒四射，主要归功于切工，优良的切工可使进入钻石的光线全部从台面反射出去。很多消费者在购买钻石时，会注重颜色和净度，其实切工对钻石的影响也是很大的。钻石的切工分为极好(Excellent，简写为EX)、很好(Very Good，简写为VG)、好(Good，G)、一般(Fair，简写为F)、差（Poor，简写为P）5个级别。具有完美切工的钻石，能使光线反射达到一个最理想的状态。

选购一颗钻石通常要从以上4个因素综合考虑：重量首先要达标，其次是颜色、净度和切工。每颗钻石的4C级别不一样，价格就不同，关键是看自己喜欢重量大的、颜色好的还是净度好的。一般情况下，大家还是选颜色好和质量大的。因为净度只有P级的钻石，人们用肉眼就能发现瑕疵。颜色和重量是人们一眼就能感觉到的。所以在经济情况允许的条件下，我们选择的顺序是以重量、颜色为优先，切工在很好、净度在P级以上就可以了。

四、钻石的"化妆"和"整容"

优化处理的目的主要是提高钻石的净度和改善钻石的颜色。颜色处理的方法主要有辐照处理、高温高压法；净度处理的方法主要有激光打孔、裂隙充填。值得注意的是，这些方法都属于处理，在鉴定证书上都要求写上"钻石（处理）"等字样。

（一）激光打孔

用激光打孔方法处理掉钻石中有颜色的固体包体，使钻石的净度得到提升。鉴别方法：放大观察钻石的表面，会发现有空洞或蜈蚣状包体露出。

（二）裂隙充填

对裂隙较大的钻石进行充填处理，以改善钻石的净度和透明度。充填处理的钻石在显微镜下具有明显的闪光效应，有橙黄色、紫红色、粉色或蓝绿色、绿色、绿黄色和黄色闪光。同一裂隙在不同方向上会表现出不同的闪光效应。

（三）辐照处理

辐照处理是用放射性粒子辐射的方法改变钻石的颜色，一般用于将褐色的钻石变成美丽的蓝色、绿色。鉴定的方法也很简单：天然彩色钻石的色带为直线或三角形，色带与晶面平行。辐照改色的钻石颜色仅在刻面宝石的表面，而且形状和位置会随辐射的方向和加工的形状变化。

▲ 钻石在加热的不同阶段的颜色变化

（四）高温高压处理

主要是将褐色的钻石处理成无色的钻石，偶尔有淡粉色或淡蓝色。鉴别特征是外观稍具雾状，带褐或灰色调。常见羽毛状裂隙，裂隙常露出到钻石的表面。由于这种处理方法鉴定起来比较困难，所以一般从正规的渠道进来的这种钻石都标有GE字样。

五、钻石的常见仿品

钻石最常见的仿品是合成立方氧化锆和合成碳硅石，特别是合成碳硅石，连许多经营钻石多年的老板都不能准确区分钻石和碳硅石，消费者需要特别注意。

▲ 立方氧化锆耳坠

（一）合成立方氧化锆

合成立方氧化锆为人工产品，过去主要生产白色的，现在可以生产各种颜色的。合成立方氧化锆简称 CZ，是二氧化锆（ZrO_2）晶体的一种。CZ 最早由苏联研制，也被称为"苏联钻"。它的价格很便宜，消费者在购买时需要注意。

合成立方氧化锆与钻石的鉴别方法很多：最简单的方法是用热导仪测试，钻石能发出嗡鸣声，合成立方氧化锆则无；合成立方氧化锆的密度为 5.6 克/立方厘米，而钻石的密度只有 3.52 克/立方厘米，所以用手掂时，前者感觉明显打手；合成立方氧化锆的硬度是 8.5，钻石的硬度是 10。

（二）合成碳硅石

合成碳硅石的英文名为 moissanite，又称莫桑石，有金刚光泽，硬度 9.5，密度 3.227 克/立方厘米。它的折射率极高，双折射和色散性强，在紫外光下发黄、橙黄光。合成碳硅石属于钻石高仿品。由于用热导仪检测钻石与它的区别是无效的，因此在市场上欺骗了一些人。合成碳硅石的售价平均是同等级钻石的百分之几左右。

▲ 碳硅石戒面，看底刻面有明显的重影

钻石与合成碳硅石的鉴别方法为：合成碳硅石是六方晶系的宝石，因此观察宝石的棱线有重影，钻石是等轴晶系，无重影；其次，在合成碳硅石内部有时可看到线状包体，而钻石没有。当然市场上有一种专门用来检测合成碳硅石的笔，当针头接触到待测的宝石时，按下笔上的按钮，如果笔发出响声，则为碳硅石，否则是钻石。

（三）合成钻石

目前合成钻石的主要方法是高温高压法（又称HTHP法）和化学气相沉淀法（又称CVD法）。市场上既有合成钻石销售，也有人用合成钻石冒充天然钻石销售。鉴别合成钻石需要去专业的鉴定机构。中国市场上也有合成彩色钻石出售，商家宣传称其为"种出来的钻石"。

▲ Apollo 合成钻石

▲ 合成红色钻石，1.21克拉

六、钻石的价格

白色系列钻石价格主要依据4C定价，主要参考标准就是定期更新的国际钻石报价单（Rapaport Diamond Report）。国际钻石报价单是每周五由纽约钻石交易所提供给全球珠宝商、钻石批发商与钻石切割厂进行交易的价格依据。这个表也是行业机密，消费者可以参考这个表，但不会以这个价格拿到货。2018年10月0.9～0.99克拉国际钻石报价表如下（单位：美元/克拉）

色级\净度	IF	VVS1	VVS2	VS1	VS2	SI1	SI2	SI3	I1	I2	I3
D	18742	15446	12500	10951	10174	8873	7435	6778	5545	3670	2411
E	14680	13784	11598	9914	9263	8089	7172	6380	5175	3531	2411
F	13528	12500	10692	9653	8873	7827	6909	5982	5039	3253	2269
G	11080	10303	9263	8742	7958	7304	6115	5445	4358	2973	2269
H	9784	9523	8481	7827	7696	6778	5713	5311	4084	2833	2127
I	8612	7958	7827	6909	6646	6248	5311	4632	3809	2411	1838
J	7696	6646	6380	5713	5579	5039	4632	4221	3253	2269	1693
K	5445	5175	4904	4495	4358	4221	4084	3809	2427	2127	1546
L	4632	4495	4221	4084	3809	3531	3392	3114	2411	1838	1546
M	4221	3947	3809	3531	3392	3253	2692	2552	2411	1838	1546
N	3947	3392	3114	2973	2833	2692	2552	2411	2127	1693	1397

　　彩色钻石中最常见的是彩黄钻，近两年其价格比较便宜。2015年初1克拉的FVY级彩黄钻，批发价在6万元/克拉左右，2克拉的FIY级彩黄钻，净度VS1，批发价为8万元/克拉。2015年底3克拉的FY级彩黄钻，净度VS1，批发价为18万元/克拉。

　　合成钻石的价格比天然钻石低得多，销售价格为天然钻石的1/3到1/5。

▲ 粉钻戒，2.05克拉，色级为Light Pink，净度为VS2，抛光度好，参考市场价格78万元。图片和价格由彩捷珠宝提供

▲ 黄钻戒，5.01克拉，色级为Fancy Yellow，市场参考价格38万元。图片由彩捷珠宝提供

珠宝玉石简易鉴定手册（第二版）

第三章

红宝石、蓝宝石

▲ 钻石红宝石项链

　　蓝宝石与红宝石同是刚玉家族的矿物，有"姐妹宝石"之称。红宝石的英文名称为Ruby，源自拉丁文，意思是红色。红宝石是缅甸的国石。红宝石的颜色鲜红、艳丽，有着"宝石之冠"的美称。由于红宝石的色彩浓艳，国际宝石界把红宝石定为"七月生辰石"，视其为高尚、爱情、仁爱的象征，人们又称其为"爱情之石"。红宝石也是结婚40周年（红宝石婚）的纪念石。在很

珠宝玉石简易鉴定手册（第二版）

多国家，国王的王冠都以红宝石作为装饰品。在中国的明、清两代，红宝石大量用于宫廷首饰，民间佩戴者也逐渐增多。慈禧太后的殉葬品中有大量的红宝石，如朝珠、首饰等。清代，亲王与大臣等官衔以顶戴宝石的种类区分，其中亲王与一品官为红宝石，三品官则为蓝宝石 。

▲ 项链，红宝石，镶钻

蓝宝石的英文名为Sapphire，源于拉丁文Spphins，意思是蓝色。蓝宝石是世界五大珍贵宝石之一，以其晶莹通透的深蓝色，被人们赋予了神秘的色彩，被视为吉祥之物。传说蓝宝石能保护国土和君王免受伤害，因此几乎每一个时代的皇室都被蓝宝石吸引，并将其视为保佑的圣物和典藏珍品。在今天，蓝宝石寄托着人们对婚姻的幸福和对未来的期望，因此被定为结婚5周年和45周年的珍贵纪念宝石。国际宝石界则把蓝宝石定为"九月生辰石"，象征忠诚与坚贞。星光蓝宝石则因代表忠诚、希望与博爱，以及它独特的星线，被指定为结婚26周年的纪念宝石。

一、红宝石、蓝宝石的宝石学特征

红宝石、蓝宝石的宝石学身份特征如下，这是鉴定红、蓝宝石的主要依据。

矿物名称	化学成分	颜色	晶体形状	其他物理性质	放大观察
刚玉	Al_2O_3	红宝石：红色、粉红色、紫红色 蓝宝石：蓝色、黄色、橙色等	常呈桶状、短柱状、板状等有一部分红宝石也多为粒状集合体或呈致密块状出现	硬度：9 透明度：透明至半透明 光泽：玻璃光泽至亚金刚光泽 折射率：1.762～1.770 密度：4.00克/立方厘米	矿物包体、指纹状包体 平直生长色带

小贴士

红色的宝石 ≠ 红宝石，蓝色的宝石 ≠ 蓝宝石

红色的宝石是指各种颜色是红色的宝石。而红宝石是专有名称，其矿物成分为刚玉，是五大名贵宝石之一。去国外购物，由于语言障碍，人们常常将红色的宝石误认为是红宝石，从而花高价购买。蓝宝石同样是专有名称，其矿物成分也是刚玉，蓝宝石不仅有蓝色，还有黄色、绿色、黑色。达到宝石级的红色刚玉叫红宝石，其他颜色的都叫蓝宝石。

珠宝玉石简易鉴定手册（第二版）

二、红宝石、蓝宝石的简易鉴定方法

（一）看颜色

红宝石：红色是红宝石的最主要特征，常见的为红色、粉红色和紫红色，呈透明至半透明。与石榴石常见的暗红色有明显区别。

蓝宝石：蓝色蓝宝石主要有蓝色、淡蓝色、浅蓝色等特有的蓝色调，呈透明至半透明。其中，斯里兰卡蓝宝透明度高，颜色偏淡；缅甸、泰国蓝宝颜色适中；山东蓝宝石颜色更深，发黑，在强光手电的照射下发蓝；彩色蓝宝石主要有亮黄色、橙黄色、粉色等。

▲ 红宝石坠，颜色鲜艳

▲ 帕德玛（Padparadscha）蓝宝石

▲ 椭圆形红宝石戒面

▲ 粉色蓝宝石

▲ 蓝宝石，透明度好

▲ 红宝石戒

▲ 红宝石戒，表面有明显的生长纹

▲ 黄色蓝宝石戒面

▲ 颜色艳丽的橘色蓝宝石戒

▲ 深蓝色蓝宝石戒

▲ 10克拉、未经加热的蓝宝石戒面

（二）多色性

红宝石具有明显的二色性。从不同方向观察红宝石，可以见到两种不同的颜色，为粉红和紫红。蓝宝石的二色性体现为蓝色和蓝绿色，其光泽为亚金刚光泽至强玻璃光泽。

（三）光性

红宝石、蓝宝石是非均质体，仿制品则为均质体。

（四）在放大镜下观察

红宝石内部含有指纹状气液包体、针状包体、矿物包体及平直生长色带。蓝宝石颜色分布不均，有平直生长色带或六边形生长色带，还有指纹状包体、针状包体或浑圆状矿物包体。

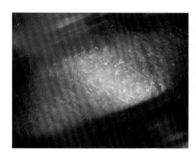

（五）荧光

在长、短波下红宝石多为红色荧光，蓝宝石无荧光。

（六）硬度

红宝石和蓝宝石硬度比较高，摩氏硬度为8，比玻璃和钢锉的硬度都大，可以刻划玻璃。

（七）看外形

红宝石和蓝宝石的原始晶体常呈桶状、短柱状、板状等，桶状晶体的晶面上有横纹。加工好的红宝石，通常为椭圆形刻面切工，也有随形或蛋面形。好的刻面形红宝石有火彩。蓝宝石通常被加工为椭圆形刻面，部分蓝宝石被加工为蛋面。

（八）看星光

星光红宝石、蓝宝石有星光效应，为六射星光，通常为弧形，星光效应自然而有变化（人造星光则明显、规则、完美），星光的中心点不一定在弧面

▲ 12克拉的星光蓝宝石，未经加热处理

▲ 3.07克拉斯里兰卡星光红宝石，净度VS,参考价格3547美元，1155美元/克拉

▲ 有着星光效应的星光蓝宝石

▲ 星光红宝石戒面

的正中央。

三、红宝石、蓝宝石质量好坏的鉴定

选购红宝石、蓝宝石应主要从颜色、大小、火彩、瑕疵等方面去考虑。

（一）颜色

由于天然的红宝石的颜色往往不是单一的红色，红色上经常有微弱的黄色、粉色、紫色等附色调，这样就使得红色不正，因此在选购时，红宝石附带的其他色调越少越好，以纯红色为最佳，"鸽血红"红宝石已成为一价难求的珍品。其次为微带紫的红色，往下依次为较深的粉红色、紫红色、略带棕色的红色，发黑的红色或很浅的粉红色都是较差的红宝石。此外，红宝石颜色还要分布均匀。

蓝宝石的颜色以矢车菊蓝色为最佳，其次是深蓝色、浅蓝色，橙色、紫色、绿色、黄色的蓝宝石如果颜色浓郁艳丽，也是不错的品种。彩色蓝宝石中最有名、最贵重的是斯里兰卡出产的粉橙色蓝宝石——Padparadscha（帕德玛）。

（二）火彩

挑选火彩（反火）好的。在自然光下，把宝石最大的刻面对着自己，轻轻转动宝石，可见其内部有很多红色在闪烁，高质量的、切工好的红宝石和蓝宝石要求火彩要占整个冠部的55%以上。

（三）瑕疵

红、蓝宝石中常见裂纹、包体等瑕疵，因此挑选时，应尽量挑选瑕疵较少的，特别是不要挑选裂纹穿过中心的，或瑕疵的位置、数量、对比度影响到透明度的，这样的宝石的质量差。

（四）星光

如果是选购星光红宝石、蓝宝石，除去以上因素外，还得考

▲ 蓝宝石坠

▲ 刻面蓝宝石戒指

虑星光的星线是否居中、明亮、完整、好看，若不符合上述条件则说明其质量不佳。

▲ 有明显色带的蓝宝石戒

四、红宝石、蓝宝石的"化妆"和"整容"

（一）优化

红宝石的优化方法主要是热处理。其目的就是使红宝石的颜色更亮丽，去除宝石中的丝状包体或发育不完美的星光，甚至使其产生星光。热处理是一种优化宝石的方法，既可以利用宝石资源，又可以使宝石更完美。这种处理已被人们接受，根据国家标准无需鉴定，被认为是天然的，属于优化，目前市场上多数红宝石都是经过热处理的。热处理同样可以改变蓝宝石的颜色，使蓝色加深或变浅，甚至改变颜色，如浅黄色或黄绿色蓝宝石在氧化条件下加热变成黄色、橘黄色。此外，热处理也可去除宝石中的丝状包体或发育不完美的星光。

热处理的红、蓝宝石没有简易鉴定方法。根据国家标准，尽管热处理属于优化，但在市场上，经过热处理（行业内叫"有烧"）和未经热处理（行业内叫"无烧"）的同样质量的红、蓝宝石，其价格不一样。质量越大、质量越好的红、蓝宝石，经过热处理和没有热处理的差价也越大。因此，消费者在购买时需要问清楚。国外正规珠宝商会告诉消费者是否经过热处理。大的高档红宝石在出售时会提供GIA鉴定证书，证书中如果说明"没有发现加热证据"，即被认为是未经热处理的红、蓝宝石。

（二）处理

红、蓝宝石最大的缺点是裂隙多，许多红宝石都有裂隙，所以商家会对其进行处理。对红、蓝宝石的处理包括染色处理、浸有色油处理、裂纹充填处理和表面扩散处理。经过处理的红宝石、蓝宝石在鉴定时要标明"处理"，其价值要大打折扣。

1. 染色处理

染色处理是将颜色浅或淡的裂隙发育的红宝石放入有机染料中浸泡、加温，使之染上颜色。染色处理的鉴定特征为：放大观察宝石的裂隙，会发现其中有大量的染料聚集，而且有特殊的荧光，如橙黄至橙红色荧光。

2. 充填处理

由于红、蓝宝石的裂隙发育，把充填材料（如铅玻璃等）填充到宝石的裂隙、孔洞中，所以充填处理可以很大程度地改善红、蓝宝石的外观，进而提高其价值。充填处理的主要鉴定特征为：放大观察宝石表面会发现光泽不同，充填的裂隙处的光泽明显低于红、蓝宝石主体的光泽。透光观察裂隙内部，往往能看到气泡，部分还可见彩色的闪光效应。

3. 浸有色油

放大观察裂隙处，会看到五颜六色的干涉色，有的还会留下油挥发后的斑痕及渣状沉淀物。

4. 表面扩散处理

利用高温使外来的 Cr 离子进入矿物晶体的表面晶格，使红宝石更红。蓝宝石则多是通过铍的扩散，使无色蓝宝石表层着色。经过表面扩散处理的红、蓝宝石鉴定特征是其颜色在表面扩散层，放大观察可见颜色在裂纹、缺陷或凹坑等的边缘或内部集中；油浸或散射后再放大观察，可见颜色在刻面棱线及腰围边缘集中，呈网状分布。

刚玉矿物类宝石（红宝石或蓝宝石）如果有星光效应，可以使其增值。而利用表面扩散处理技术，则可以使红、蓝宝石产生"星光"，这种经过表面扩散处理的星光红、蓝宝石多年前就已在中国市场出现。其鉴定特征是"星光"过于完美，星线均匀，与合成星光红蓝宝石类似；用放大镜观察"星光"，会发现其仅限于表面，还有一层薄的絮状物；表面扩散星光蓝宝石颜色深，多呈灰黑色调的深蓝色。

五、红宝石、蓝宝石的常见仿品

天然红宝石的仿冒品主要是合成红宝石、玻璃。蓝宝石的仿冒品主要有合成蓝宝石、合成蓝色尖晶石、蓝色钴玻璃。

（一）合成红宝石

红宝石内部含有天然的矿物包体，具有平直生长纹。合成红宝石的颜色过于均匀、艳丽，内部有弧形或波纹状、锯齿状的生长纹，气泡；树枝状、栅栏状、网状、扭曲的云状、管状、熔滴状、彗星状、钉状包体；种晶为多边形金属包体。合成星光红宝石星光规则，不自然。

（二）合成蓝宝石

放大观察合成蓝宝石会看到弧形生长纹、气泡，颜色过于鲜艳、均匀。蓝宝石则为平直生长纹、矿物包体，颜色分布不均。

（三）合成蓝色尖晶石

合成蓝色尖晶石颜色均一，微带灰色，无二色性，是均质体宝石，放大观察其内部会看到酒瓶状包体，有弧形生长纹。

▲ 合成星光蓝宝石

▲ 合成红宝石戒面　　　　　▲ 合成蓝宝石

（四）玻璃

红色和蓝色玻璃常用于仿冒红宝石和蓝宝石。玻璃为均质体，无多色性，放大观察会看到气泡、旋涡纹。玻璃的密度小、手感轻、硬度低、棱线磨损比较严重。蓝色钴玻璃常用于仿蓝宝石，它是由钴致色的深蓝色玻璃，在查尔斯滤色镜下为红色，无二色性，有时含有气泡。

六、红宝石、蓝宝石的价格

（一）红宝石

红蓝宝石这几年价格变化不大。国内常见红宝石价格在1万~10万元/克拉。市场上的红宝石颜色通常不够鲜艳、色调发粉的多，并且常有裂纹，这类红宝石价格不高，每克拉几千元。不同产地的红宝石质量有明显差别，像越南、莫桑比克的红宝石就比较便宜。2014年底，12克拉颜色较红的莫桑比克红宝石，1.5万~2万元/克拉。2克拉的亮粉色越南红宝石，2万元/克拉。鸽血红红宝石的价格要高很多，2克拉莫桑比克鸽血红红宝石，要价6万元/克拉以上。如果是缅甸鸽血红红宝石，0.8克拉的，3万元/克拉；1.5克拉的，6万元/克拉。对于加热处理的红宝石，价格要降很多，一般60%以上。

（二）星光红宝石

2012年，1~3克拉的斯里兰卡星光红宝石，价格为700~1400美元/克拉，颜色好、星光好的3.8克拉斯里兰卡星光红宝石的价格为3200美元/克拉。好的蓝宝石的价格与红宝石相差无几。

（三）无烧蓝宝石

2015年，3克拉的无烧斯里兰卡蓝宝石，通常批发价在1万~2万元/克拉；5克拉的批发价多在2万~5万元/克拉。10克拉的无烧蓝宝石，颜色好，达到皇家蓝宝石级，2万美元/克拉；5克拉的也要1.5万美元/克拉。

（四）有烧的蓝宝石

2015年斯里兰卡有烧蓝宝：1克拉，深蓝色，批发价1400~2000元/克

珠宝玉石简易鉴定手册（第二版）

▲ 在中国台湾加工好的蓝宝石戒指，蓝宝石重11克拉，镶有2克拉小钻（比较大，直径2毫米），总价40万元

▲ 斯里兰卡无烧星光蓝宝石，要价380万元

拉（无烧的要6000元/克拉）。3克拉以上有GRS证书，3克拉，中等蓝，批发价8000元/克拉。4克拉，深蓝色，批发价1.2万元/克拉。8克拉，颜色好，批发价2.7万元/克拉。

（五）星光蓝宝石

2015年初，5克拉的星光蓝宝石，颜色为皇家蓝，星光较好，批发价2.4万元/克拉。颜色差的要便宜得多，比如3~6克拉的星光蓝宝石，颜色为灰蓝，价格在5000 ~ 10000元/克拉。

（六）山东蓝宝石

中国山东地区的蓝宝石由于颜色太深，经常呈黑色，所以价格不高。依据大小、颜色、净度，每克拉的价格通常在数百元至数千元不等。

（七）合成蓝宝石

合成蓝宝石价格很低，例如，130克拉的合成蓝宝石，总价格仅为35美元。

（八）加工好的蓝宝石成品

2015年4月，颜色较好的蓝宝石戒指，所用蓝宝石重约11克拉，周边镶嵌着总重量为2克拉的小钻，在中国台湾加工，总价40万元。22克拉的星光蓝宝石，在中国台湾镶嵌，总价也是40万元。

第四章

祖母绿

▲ 项链,祖母绿,镶钻

　　自古以来，祖母绿和钻石、红宝石、蓝宝石和金绿宝石一起被称为"世界五大珍贵宝石"。祖母绿以其青翠悦目的绿色让各个时代的人们为之着迷，因此也有着"绿色宝石之王"的美誉。作为五月的生辰石，祖母绿是忠诚、仁慈和善良的象征。古罗马的学者老普林尼曾给予祖母绿这样的赞赏：没有任何绿色是那么浓，它是一种能使人百看不厌的宝石，总是发出柔和而又浓艳的光芒。

一、祖母绿的宝石学特征

祖母绿的宝石学特征如下，这是鉴定祖母绿的主要依据。

矿物名称	化学成分	颜色	晶体形状	其他物理性质	放大观察
绿柱石	$Be_3Al_2Si_6O_{18}$，含微量元素铬	绿色，具有中等到强的多色性	六方柱和六方锥体，柱面上常有纵纹	光泽：玻璃光泽 透明度：透明至半透明 硬度：7.5～8 密度：2.67～2.90克/立方厘米 折射率：1.577～1.583	矿物包体：云母、黄铁矿、透闪石、阳起石等矿物

二、祖母绿的简易鉴定方法

（一）看颜色

祖母绿最明显的特征是其特有的绿色，这种绿色就是"祖母绿"，通常为深绿色、发蓝的绿色，透明至半透明。

▲ 心形祖母绿戒指

（二）看切工

常用的加工祖母绿的方法为"祖母绿切工"，因为这种切工最能展现祖母绿的美丽。内部包裹体多的祖母绿则常被加工成弧面形。

▲ 祖母绿戒指，周边镶钻

（三）多色性

祖母绿为非均质体，而作为仿制品的玻璃则为均质体。前者在二色镜下有多色性，肉眼很难分辨。

（四）其他

祖母绿的常见瑕疵是其内部的矿物包体和裂纹。祖母绿密度低，因此手感轻。祖母绿硬度大，摩氏硬度为7.5~8，比水晶和玻璃的硬度大。祖母绿的原石为六方柱状晶体，柱面上有纵纹。

▲ 祖母绿和石英晶体，6.8厘米×5.8厘米×2.0厘米，11500美元，赞比亚

三、祖母绿质量好坏的鉴定

评价与选购祖母绿依据的是颜色、透明度、净度、切工和重量，其中颜色是最重要的。

（一）颜色

祖母绿的颜色以纯正的、中等深度的绿色（不偏蓝、不偏黄）为最佳，稍带黄或蓝色亦可。颜色分布要均匀，不带杂质。颜色较浅的祖母绿的价格较低。优质祖母绿的价格能与相同质量的钻石相近。

（二）净度

质量好的祖母绿要求内部杂质、裂隙、瑕疵少，表面无划痕、缺陷为佳。

▲ 哥伦比亚祖母绿，108克拉　　　▲ 弧面形祖母绿戒指

一般肉眼基本不见为好。祖母绿最常见的瑕疵就是内部包裹体和裂隙，购买时要注意，有瑕疵的祖母绿价格要低得多。

（三）切工

"祖母绿切工"是祖母绿的最理想的切工，最能将祖母绿的美体现出来。当然各个加工面还要规整，对称度要好。质量好的祖母绿都采用祖母绿形切工。除此之外有椭圆形、圆形等。质量差或裂隙发育的祖母绿多数都被磨成弧面形或珠形。祖母绿的切磨角度也很重要，沿平行光轴的方向切磨的祖母绿效果会好于沿其他方向切磨的。

四、祖母绿的"化妆"和"整容"

（一）优化

祖母绿的优化主要是浸无色油，这种方法主要是为了掩盖裂纹和孔洞，提高宝石的透明度和亮度。该方法也是被国际上认可的。

（二）处理

祖母绿裂隙较多，处理方法主要有染色和充填处理。消费者在购买时需要注意裂隙和注油染色。

1.染色处理的祖母绿

所谓染色处理，即用绿色的染料将颜色浅的祖母绿或绿柱石染成美丽的绿色，主要方法是沿裂隙注入有色油。鉴别方法是沿着祖母绿的裂隙观察是否有呈蜘蛛网状的绿色颜料分布。此外，经染色处理的祖母绿，在长波紫外线下有黄绿色荧光。

2.充填处理的祖母绿

在祖母绿的裂隙中充填绿色玻璃或树脂，以掩盖祖母绿的裂隙或增加祖母绿的颜色。鉴别方法是放大观察裂隙会看到其中的气泡、闪光效应，还可以使其受热，看有无绿色油渗出。

五、祖母绿的常见仿品

常见的祖母绿仿冒品有萤石、玻璃和合成祖母绿。

▲ 立方氧化锆仿祖母绿，275克拉，总价38美元

▲ 绿玻璃仿祖母绿

（一）萤石与祖母绿的区分

绿色萤石常偏蓝，与蓝绿色祖母绿很像，但萤石为色带发育，无多色性；它在紫外线下有强荧光，有时有磷光；它还具有四组完全解理。

珠宝玉石简易鉴定手册（第二版）

（二）合成祖母绿

合成祖母绿颜色浓艳，在紫外线下有较强的红色荧光。其内部非常干净，有时可见钉状包体、波状或锯齿状生长纹、花边状或面纱状包体。相对地，天然祖母绿一般内部都不洁净。需要注意的是，在珠宝市场上，不同的厂商会以各自的厂商名为品名进行销售，如果你购买了祖母绿，一定要看看发票或证书中，祖母绿名称的前面是否有一些修饰语，如果有林德、查塔姆、吉尔森等字样，那一定是合成祖母绿。合成祖母绿的价格一般相当于同等质量的天然祖母绿价格的五分之一到十分之一。近几年，随着合成祖母绿的大量出现，有不少人上当受骗，因此要注意区分。

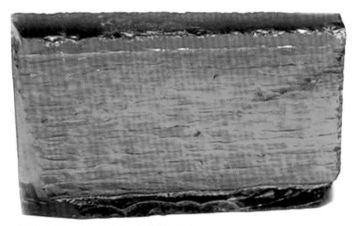

▲ 水热法合成祖母绿，38克拉，总价230美元

六、祖母绿的价格

（一）哥伦比亚祖母绿

近2年哥伦比亚祖母绿价格涨幅最大。2018年3.3克拉顶级祖母绿戒面售价60万人民币。如果有处理，价格要低得多，比如3.95克拉戒面，有肉眼可见羽裂、轻微充油，售价只有20万人民币。3克拉左右戒面便宜的也要

▲ 祖母绿戒指（弧面），168万元

几万元到十几万元。1 ~ 2 克拉小的哥伦比亚祖母绿戒面，颜色好无裂纹无处理，每克拉4 ~ 6万元，中间质量的每克拉1 ~ 3万元，差的也有几千元每克拉的。

（二）赞比亚祖母绿

赞比亚祖母绿比哥伦比亚祖母绿便宜。2014年底，颜色较好、但不反火的4克拉赞比亚祖母绿刻面，批发价4000美元/克拉。蛋面赞比亚祖母绿要便宜一些，10克拉的赞比亚蛋面祖母绿，批发价为2万元/克拉。

第五章

猫眼

▲ 镶钻金绿宝石猫眼戒指

　　猫眼是具有猫眼效应的金绿宝石，而金绿宝石属于世界五大珍贵高档宝石之一。金绿宝石的英文名为Chrysoberyl，来自希腊语Shryson，意思是金黄色。金绿宝石在珠宝界亦称"金绿玉""金绿铍"，这是因为它是一种宝石级的铍铝氧化物。金绿宝石的品种有普通的金绿宝石、变石、猫眼、变石猫眼等。其中，猫眼以其犹如猫的眼睛一样漂亮的眼线，不仅被历代皇室的喜爱，而且深受各国人们的追捧。猫眼不仅被认为有驱除妖邪的魔力，也被当作好运的象征。人们相信它会保护主人健康长寿，免于贫困。

一、猫眼的宝石学特征

　　猫眼的宝石学特征如下，这是鉴定猫眼的主要依据。

矿物名称	化学成分	颜色	晶体形状	其他物理性质	放大观察
金绿宝石	BeAl$_2$O$_4$	浅至中等的黄色、灰绿色、褐色、褐黄色以及很少见的浅蓝色	短柱状、厚板状	光泽：玻璃光泽 折射率：1.746~1.755 硬度：8.5 密度：3.71~3.75克/立方厘米 透明度：透明至不透明	针状包体

小贴士

猫眼效应

在光的照射下，在弧面形宝石的表面上，会形成一条从一端到另一端的明亮的光带，这种现象叫猫眼效应。具有猫眼效应的宝石很多，如月光石、电气石、拉长石、锆石、孔雀石、水晶等。根据国家标准，只有具有猫眼效应的金绿宝石才能被直接称为猫眼，也被业界称为"真猫眼"。其他具有猫眼效应的宝石都不能被直接称为猫眼，命名时应在"猫眼"前冠以矿物名称，如孔雀石猫眼、水晶猫眼等。

二、猫眼的简易鉴定方法

（一）看颜色、透明度

褐黄色或绿黄色是猫眼的明显的鉴定特征。并且其具有三色性，从不同方向观察它的颜色，会看到色调和深浅的变化。猫眼多为半透明。

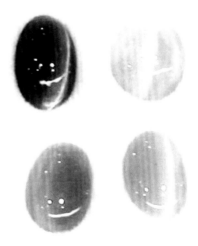

▲ 展会中各种颜色、大小的金绿宝石猫眼

（二）看眼线

金绿猫眼以其特有的自然而灵动的眼线而区别于其他猫眼。相比之下，人造猫眼则过于规则、死板。

▲ 猫眼吊坠

▲ 猫眼戒面，眼线居中，而且灵活

（三）看包体、切工、硬度

从放大镜观察猫眼的内部，会看到细长而密集的管状或丝状矿物包体，这是产生猫眼效应原因。为了产生猫眼效应，猫眼通常为弧面形。由于猫眼宝石很贵重，按重量卖，所以通常会被制成随形的弧面，不会过度打磨为非常规则的半圆弧面。猫眼的硬度大，摩氏硬度为8.5，比水晶和玻璃大，但比蓝宝石小。

三、猫眼质量好坏的鉴定

选购猫眼宝石时，应从颜色、眼线、切工、净度等方面考虑。

（一）眼线

最好的猫眼的眼线应是光带灵活、锐利、居中、平直、完整、有"睁时宽，闭时尖"的效果。所谓"睁时宽，闭时尖"，就是把猫眼石放在强光下，随着宝石的转动，眼线会出现开与合的现象，犹如猫的眼睛在光线强弱变化时迅速开合一样。当眼线开时应为2~3条，闭时为1条。同时，眼线与背景对比应明亮清晰，还要伴有乳白与蜜黄的效果。

一般来说，只要猫眼的弧面高度和腰下厚度适当，重量大一倍，价格则差好几倍。也有商家为了提高猫眼的价格，把猫眼腰以下的厚度过分增大，这样是不合理的。目前几克拉重的优质猫眼已十分珍贵，其价值与优质红宝石、祖母绿不相上下。

（二）颜色

猫眼的最佳颜色是蜜黄色，其次为深黄、深绿、黄绿、褐绿、黄褐、褐色，颜色浅、褐色调浓或呈灰白色，价值则较低。

（三）切工

对高质量的宝石来说，其厚度、对称性应该是适度的，过厚或过薄都会影响宝石的价值。厚度通常从宝石的腰线往下计算，如果太厚则很难镶嵌。

四、猫眼的"化妆"和"整容"

猫眼的处理方法主要是辐照处理，经辐照可改善猫眼的猫眼效应和颜色。这种方法不易检测。

五、猫眼的常见仿品

最常见的猫眼仿品为玻璃猫眼，中国台湾和俄罗斯产的碧玉猫眼也常常被当作猫眼购买。

（一）玻璃猫眼

从玻璃猫眼的侧面可观察到蜂窝状纤维结构。此外，玻璃猫眼的眼线过于亮丽而且很宽，甚至能看到2~3条眼线在闪烁，给人以虚假的感觉。

（二）碧玉猫眼

碧玉猫眼多产于中国台湾和俄罗斯，其矿物成分为阳起石和闪石，这与和田玉的成分一样。碧玉猫眼的眼线也没有真正猫眼的眼线灵动。此外，从

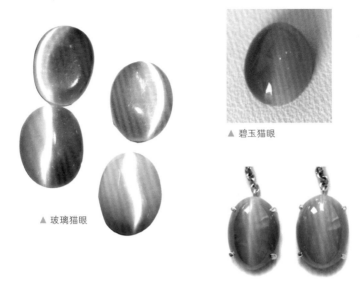

▲ 玻璃猫眼

▲ 碧玉猫眼

▲ 碧玉猫眼耳坠

透明度上看，猫眼透明，碧玉猫眼半透明，发蒙，颜色偏绿。

六、猫眼的价格

2014年6月，重4~6克拉、质量较好的金黄色金绿宝石，批发价为2万~3万元/克拉；5克拉左右的褐色猫眼，批发价为2.2万元/克拉；浅黄绿色的猫眼则便宜一些，批发价为1.3万/克拉。

▲ 金绿猫眼石（戒面），重7.61克拉，可见猫眼线、细线，20万元

第六章

碧玺

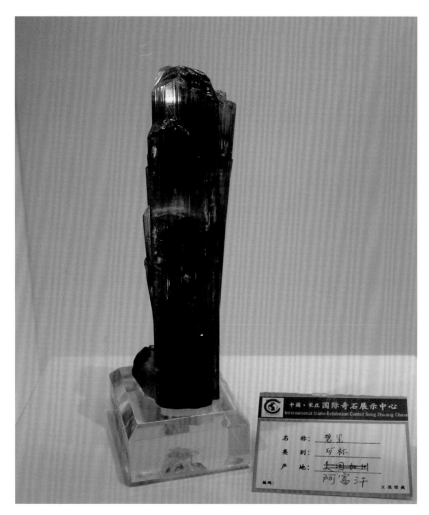

▲ 碧玺晶体

　　碧玺是一种常见的中高档彩色宝石，近两年快速流行。碧玺的矿物成分是电气石，达到宝石级的电气石称为碧玺。碧玺用作宝石的历史较短，但由于它鲜艳丰富的颜色和高透明度共同构筑的美，在它问世的时候，就赢得了人们的喜爱，被称为"风情万种的宝石"。在中国清代的皇宫中，就有较多的碧玺饰物。现在，碧玺是人见人爱的中高档宝石，也是十月的生辰石。

一、碧玺的宝石学特征

碧玺的宝石学身份特征如下，这是鉴定碧玺的主要依据。

矿物名称	化学成分	颜色	晶体形状	其他物理性质	放大观察
电气石	$(Na, Ca)(Mg,$ $Fe^{2+}, Fe^{3+},$ $Li, Al)_3Al_6[Si_6O_{18}]$ $(BO_3)_3(OH, F)_4$	红、粉、黄、蓝、绿、褐等色，具有强二色性	柱状，柱面发育纵纹，柱的横截面为球面三角形	密度：3.06克/立方厘米 硬度：7~8 折射率：1.624~1.644。 透明度：透明至不透明。 光泽：玻璃光泽。具有压电性和热电性	针管状包体、撕裂状包体

二、碧玺的简易鉴定方法

（一）看颜色

碧玺有多种颜色，常见的有粉红色、黄色、蓝绿色等。同一块碧玺可以有多种颜色分布，或内外不同，或上下不同，这种碧玺被称为二色或三色碧玺。

（二）看晶形

碧玺通常为柱状晶体，表面有纵向纹理。柱的横截面为球面三角形。

▲ 双色碧玺晶体，高约15厘米

▲ 暗红色碧玺戒指　　▲ 非常干净的淡蓝色碧　▲ 粉红、黄绿西瓜碧玺戒
　　　　　　　　　　　玺坠

▲ 粉色碧玺戒指　　　　　　▲ 红色椭圆形碧玺戒

58

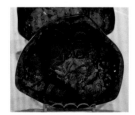

▲ 绿色纯正的碧玺坠　　▲ 帕拉依巴碧玺戒面　　▲ 西瓜碧玺

（三）看光性

碧玺有很强的二色性，从不同角度观察会看到颜色变化。碧玺为非均质体，从刻面碧玺的顶刻面观察，会发现碧玺底刻面具有重影。

（四）看包裹体

碧玺内含有典型的不规则线状、撕裂状和薄层空穴包体，部分碧玺内含大量平行排列的纤维状包体。

▲ 多色碧玺，重61.219克拉

▲ 质量较差的碧玺圆珠，内部包体和裂纹明显

（五）看切工

碧玺为柱状晶体，常常被切割为长方形刻面。碧玺晶体比较大，常采用较大的刻画或弧面椭圆形切工，质量差的碧玺常被做成珠子或小雕件。

（六）看硬度

碧玺的硬度较大，摩氏硬度为7~8，比玻璃和水晶硬。

三、碧玺质量好坏的鉴定

评价和选购碧玺可从重量、颜色、净度、切工、透明度几个方面考虑。

（一）颜色

鲜红色、鲜蓝色的碧玺价格最高，红绿双色、玫瑰红色、翠绿色的碧玺也非常好，价格较高，粉红和黄色次之。帕拉伊巴碧玺由于其特殊的颜色和稀少的产量，价格最高。

（二）切工、净度

好的切工应尽可能地体现碧玺的亮度和火彩。成品应做到比例恰当，对称性好，抛光要好，否则将会影响其价值。好的碧玺内部干净、透亮，包裹体少。

四、碧玺的"化妆"和"整容"

（一）优化

对碧玺的优化主要靠热处理。深色碧玺经热处理后颜色变浅，变化后的颜色稳定。碧玺是否经过热处理不易检测。

（二）处理

对碧玺的主要处理方法为充填处理，染色处理、辐照处理。购买时应重点注意沿裂隙是否有充填和染色。

1.充填处理

充填处理多见于串珠或雕件饰品中。鉴别方法是：放大观察经充填处理的碧玺，会发现表面光泽不同，在裂隙内部也常见闪光效应和气泡。饰品的充填程度与宝石的裂纹发育程度有关，裂纹越多，充填效果越明显。

2.染色处理

对染色处理的鉴定方法是：放大观察时，能看到裂隙中的染料；用棉签擦拭可见掉色现象。

3.辐照处理

浅粉色、浅黄色、绿色、蓝色或无色碧玺经辐照处理后会产生深粉色至红色或深紫红色、黄色至橙黄色、绿色等，但这些颜色不稳定，加热后易褪色。辐照处理不易检测。

五、碧玺的常见仿品

常见的碧玺仿品有合成水晶、玻璃、染色水晶。放大观察染色水晶的裂纹发育，在裂纹中有大量的颜色沉淀。合成水晶多用于仿绿碧玺，表面光泽没有碧玺的强，二色性较弱。玻璃为均质体，无多色性。一般玻璃制品的棱角都比较毛糙，放大观察时会发现气泡；碧玺则有较强的多色性，有重影。

▲ 玻璃仿碧玺手串

六、碧玺的价格

2018年底，碧玺市场的行情如下：

质量一般、10克拉左右的粉色碧玺，批发价一般在2000元/克拉；3克拉左右的，批发价为1000元/克拉。10克拉质量较好的蓝绿色碧玺戒面1000～1500元/克拉。做手串、项链的碧玺质量通常不如戒面，因此手串的价格要低一些。质量好的碧玺项链，直径10mm左右，批发价约在200元/克。粉得发红的碧玺，英文名为Rublite，10克拉大小的，批发价为400美元/克拉，1~3克拉的，批发价为210美元/克拉。小于5克拉，颜色、净度很一般的碧玺，价格便宜，批发价可低至400元/克拉。绿色、黄色碧玺要比粉红色碧玺便宜。

▲ 蓝碧玺吊坠，参考价格56000元

▲ 颜色好、干净的碧玺吊坠，23452元

第七章

尖晶石

▲ 英女王王冠，中部由下往上分别为库里南2号钻石、红色尖晶石（过去以为是红宝石）、蓝宝石

　　尖晶石美丽而稀少，自古以来就比较珍贵，是令人着迷的宝石之一。由于尖晶石不仅稀少而且总是与红宝石伴生，导致人们把它当作红宝石。例如，世界上最具有传奇色彩、最迷人的"铁木尔红宝石"和"黑王子红宝石"，由于有着美丽的颜色，外观酷似红宝石，过去人们一直误认为它们是红宝石，直到近代才鉴定出它们都是红色尖晶石。中国清代一品大官的顶戴上用的"红宝石"，几乎全是用红色尖晶石制成的。消费者如果觉得红宝石太贵，选择尖晶石也很不错。

一、尖晶石的宝石学特征

尖晶石的宝石学身份特征如下，这是鉴定尖晶石的主要依据。

矿物名称	化学成分	颜色	晶体形状	其他物理特征	放大检查
尖晶石	$MgAl_2O_4$	红、粉、蓝、紫、绿、黄等	八面体晶形，有时是八面体与菱形十二面体、立方体形成的聚形	光泽：玻璃光泽至亚金刚光泽 透明：透明至不透明 折光率：1.718 硬度：8 密度：3.60克/立方厘米	八面体状的小尖晶石、柱状的锆石及磷灰石等固体包体、较多的气液包体

二、尖晶石的简易鉴别方法

（一）颜色

尖晶石有红、粉、蓝、紫、绿、黄等多种颜色，多数尖晶石的颜色都带有灰的色调。其透明度多为透明至半透明。

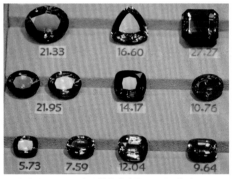

▲ 各色尖晶石（图中的数字为克拉重量），火彩明显，这回知道什么是宝石的火彩了吧！

▲ 很酷的黑色尖晶石戒指

▲ 蓝色尖晶石精品，越南产，5.6克拉，参考价为5580美元

（珠宝玉石简易鉴定手册（第二版））

(二)其他

尖晶石具有典型的八面体晶形。其内部常有包裹体，包体呈层状分布。在同一层中既有气液包体，也有小的黑色尖晶石固体包体。尖晶石是均质体宝石，硬度比较大，摩氏硬度为8，比水晶和玻璃硬。

▲ 红色尖晶石标本，此为尖晶石的自然产出状态

三、尖晶石质量好坏的鉴定

颜色、透明度、重量、切工是评价与选购尖晶石的依据。颜色纯正且鲜艳、透明度高、切工比例好的刻面尖晶石是首选，有星光效应的尖晶石也较贵重。外形大且质量好的尖晶石较稀少，现在超过5克拉、质地好的尖晶石都是宝贝。

四、尖晶石的"化妆"和"整容"

处理尖晶石的情况比较少见。热处理、辐照处理的改善效果不稳定，风险较大，通常不做。可行的处理方法是用激光打孔去除微小杂质。

五、尖晶石的常见仿品

尖晶石的仿冒品主要有合成尖晶石和玻璃。

放大观察合成尖晶石时，会发现其颜色过于鲜艳、均一、干净，有时可见弧形生长纹，还有伞状、拉长状或异形状气泡，甚至能看到助溶剂残余、铂金属片。

珠宝玉石简易鉴定手册（第二版）

▲ 俄罗斯合成尖晶石。深蓝色，无瑕，垫形切工。45克拉，参考价格为6.5美元/克拉

六、尖晶石的价格

红色尖晶石比较受欢迎，2014年6月时，无裂纹的3克拉红色尖晶石，批发价为8000元/克拉。4克拉的亮红色尖晶石，批发价为1万元/克拉。

2012年的海外市场上，1~2克拉的、亮丽的红色、粉色尖晶石价格在1000美元/克拉左右，4~5克拉的价格达到4000美元/克拉。有着较淡的蓝色、紫色的1~2克拉的尖晶石，价格在100~200美元/克拉。而深色、杂色（深蓝、深紫等）的尖晶石非常便宜，不到100美元/克拉。

▲ 浅蓝色尖晶石，14毫米×1毫米×7毫米；7.01克拉，产自缅甸，参考价格为5500美元

▲ 红色尖晶石，1克拉，净度VS，产自缅甸，参考价格为950美元/克拉

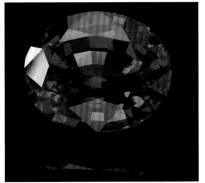

▲ 高品质的红色尖晶石，12毫米×10毫米×7毫米；6.88克拉，产自缅甸，参考价格为42000美元

▲ 红色尖晶石戒面

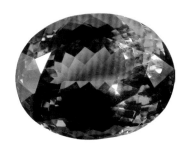

▲ 红色尖晶石，1.1厘米×0.9厘米×0.6厘米，4.43克拉，产自坦桑尼亚，参考价格为3750美元

第八章

托帕石

▲ 蓝色托帕石吊坠

  托帕石的矿物名称为黄玉，英文名为topaz，意为"火彩"。由于消费者容易将黄玉与黄色玉石相互混淆，所以市场上多使用黄玉的英文音译名"托帕石"来标注宝石级的黄玉。托帕石多为淡蓝色、黄色和无色，透明且漂亮的托帕石属于名贵的宝石。托帕石象征着和平与友谊，是十一月的诞生石。由于无色托帕石的光泽极强，所以加工好的无色托帕石，能像钻石一样光芒四射。据说葡萄牙王室有一颗重达1680克拉的"布拉干萨钻石"，后来经专家鉴定，才发现这其实是一颗无色、极纯净的托帕石。在西方人看来，托帕石可以当作护身符佩戴，因为它能辟邪驱魔，使人消除悲哀、增强信心。

一、托帕石的宝石学特征

托帕石的宝石学特征如下，这是鉴定托帕石的主要依据。

矿物名称	化学成分	颜色	晶体形状	其他物理性质	放大观察
黄玉	$Al_2[SiO_4]$ $(F, OH)_2$	无色、酒黄色、蓝色、绿色、红色	斜方柱状，柱面常具纵纹	光泽：强玻璃光泽 透明度：透明至半透明 折光率：1.619~1.627 硬度：8 解理：一组平行底面完全解理 密度：3.49~3.57克/立方厘米	固体矿物包体、两种互不相溶的液体和气泡

二、托帕石的简易鉴定方法

（一）看颜色

常见的托帕石的颜色有酒黄色、天空蓝色和无色。其中，黄色和蓝色都很有特点。

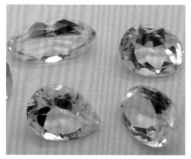

▲ 白色托帕石戒面

▲ 方形托帕石坠

▲ 帝王黄色托帕石戒面

▲ 淡蓝色托帕石戒面

▲ 蓝色托帕石，8.37克拉，14.13毫米×10.11毫米，祖母绿切工，净度VVS，色级B4 5，产自巴西，17.5美元/克拉

（二）其他

托帕石有强玻璃光泽。它的密度较大，用手掂有重感；仿制品玻璃的手感则较轻。托帕石一般非常干净，有时可见两种互不相溶的液体和气泡。托

珠宝玉石简易鉴定手册（第二版）

帕石的摩氏硬度为8，比水晶和玻璃硬。

三、托帕石质量好坏的鉴定

　　托帕石是一种既漂亮又便宜的中低档宝石，以颜色、透明度、净度和重量作为评价依据。以颜色深，透明度好，块大，无裂隙为佳品。选购托帕石时要求颜色浓艳、纯正、均匀，透明，瑕疵少，重量大。价值最高的托帕石是红色和雪梨酒色，其次是蓝色。无色托帕石的价值最低。

▲ 托帕石，梨形

▲ 托帕石耳坠

四、托帕石的"化妆"和"整容"

（一）优化

　　根据国标，对托帕石的热处理属于优化，主要目的是优化颜色。有些粉红色和红色托帕石是黄色和橙色托帕石经热处理后形成的。

（二）处理

1.辐照处理

　　鲜艳的蓝色是托帕石最常见的颜色，但是这种颜色是经过辐照处理的。

就目前来看还没有很好的检测手段来对辐照处理进行检验。因此消费者在购买时，要知道这种颜色基本不是天然的。

2.覆膜处理

无色或浅色的托帕石价格较低，但经过覆膜喷涂可以使颜色加深，通过呈各种颜色来提升其价格。鉴定要点是：放大观察会发现经过处理的托帕石光泽异常、膜层脱落、颜色不均匀。

五、托帕石的常见仿品

托帕石的常见仿品为玻璃，鉴定要点为：玻璃的光泽没有托帕石的强，硬度小，为均质体。

六、托帕石的价格

蓝色托帕石：在美国市场上，质量较好的蓝色托帕石要价30美元/克拉，颜色较浅或偏深发暗的托帕石要价5~25美元/克拉。由于托帕石晶体比较大，所以单价和重量的关系不是很大，1~40克拉的蓝色托帕石的价格主要与颜色、净度有关。

黄色托帕石：国外称其为 Imperial Topaz（帝王黄托帕石）。它的要比蓝色托帕石贵很多，在美国市场上，其价格在160~1500美元/克拉。黄色托帕石的价格主要和色级、大小有关：颜色浅的200美元/克拉，颜色深的极品1000美元/克拉以上。

白色托帕石：价格最便宜，1~15克拉的白色托帕石的价格都是6~12美元/克拉。

其他颜色的托帕石，如淡红色、绿色、粉色、橘黄色，价格基本在7~30美元/克拉。

国内市场上主要是蓝色托帕石，好的100元/克拉左右，颜色淡的只有30~40元/克拉。而帝王黄托帕石要贵得多，要2000~4000元/克拉。

▲ 精品水晶雕，作品名为"莲生妙相"，水晶宽约12厘米，获2015年天工奖优秀作品奖

　　水晶晶莹璀璨、五彩缤纷、姿态万千，从古到今受到世人的珍爱。早在50万年前的新石器时代，古人就注意到了水晶的美丽，不仅把它作为工具，而且当作观赏石珍藏。古人无法真正认识水晶的本质，所以他们认为水晶很神奇，是神灵的再现，纷纷祈求有灵性的水晶给人间降福。水晶在古时被称为冰晶，认为是千年的冰形成的。这就告诉人们水晶是白色的而且晶莹剔透、纯净无瑕。其实水晶不仅有白色，还有许多美丽的颜色和变化万千的内部图案，有的水晶里更会出现魅惑诡异的幻影。水晶包括紫晶、黄水晶、芙蓉石、茶晶、绿幽灵、钛晶等品种。

一、水晶的宝石学特征

水晶的宝石学特征如下，这是鉴定水晶的主要依据。

矿物名称	化学成分	颜色	晶体形状	其他物理性质	放大检查
石英	SiO_2	白色、紫色、黄色、粉色、黑色、褐色等	六方柱和菱面体聚合形成的棱柱体。有时呈六方双锥体状或不规则状、扁平状。柱面有明显的横纹和多边形蚀像。水晶在自然界经常以晶族出现	密度：2.56~2.66 克/立方厘米 光泽：玻璃光泽 折射率：1.544~1.553 硬度：7	气液包体，气、液、固三相包体和负晶，常呈星点状、云雾状和絮状。液体包体可以形成水胆水晶

二、水晶的简易鉴定方法

（一）看颜色

水晶有多种颜色，常见的为无色、白色，紫晶为紫色，芙蓉石为粉色，茶晶呈烟色或黑色，绿色水晶很少见，鲜艳的蓝色、红色水晶则几乎没有。

▲ 芙蓉石吊坠

▲ 黄水晶吊坠

▲ 绿幽灵水晶球

▲ 烟晶晶簇，高约20厘米

▲ 祖母绿切工戒面，紫黄晶

（二）看包裹体

水晶内部一般具有云雾状、絮状包体，此外常有发状包体，也可以见到其他杂质。根据包裹体的成分和特征，水晶可分为钛晶、发晶、红兔毛、绿幽灵、草莓水晶等。

▲ 平安扣，金发水晶

▲ 平安豆，钛晶水晶挂件

▲ 菊花状发状包体水晶雕件

▲ 绿幽灵手串，直径约9毫米

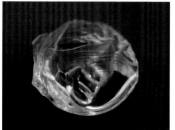

▲ 贝壳状断口，水晶

（三）看光性、透明度

水晶为非均质体，通常为透明的。有些含杂质、气泡，呈半透明。

（四）看外形

原始晶体通常为特有的棱柱状晶体，柱面上有横纹，有的水晶晶体可以很大。消费者需要注意的是，有些用玻璃仿的水晶，外形也会被磨切为水晶晶体的形状。

▲ 水晶晶体

三、水晶质量好坏的鉴定

选购水晶主要是从其颜色、透明度、大小、净度、特殊图案及是否有特殊光学效应等方面进行考虑。

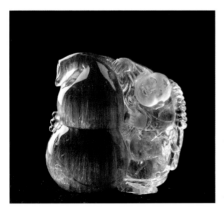

▲ 子孙万代，水晶顺发宝葫芦、童子、钱串

▲ 紫晶狐狸，颜色为深紫，净度好，长约4厘米，是难得的佳品

（一）颜色、品种

以颜色纯正、浓度较高、内部无瑕的为好。紫晶和黄晶是水晶中价值较

高的品种，且要以不暗为标准。有包体的水晶的颜色包括两部分，一是水晶本身的颜色，二是内部包裹体的颜色。水晶本身的颜色要艳丽、纯正，分布要均匀，不能太深或太浅。内含包体的颜色艳丽，价格也高，如钛晶、绿幽灵、红兔毛。

（二）透明度、净度

按照水晶对透明度的要求，水晶越透，价格越高，质量高的水晶加工出的成品晶莹剔透、光辉耀眼。透明度高的水晶能提升颜色的艳丽，否则显得呆板、无灵性。无色水晶以晶莹美丽、洁净透明而著称。无色水晶主要看它的纯度，越纯、越透明越好。干净、无瑕疵、杂质少的价值就高，无色的水晶如果很脏，同样没有利用价值。

（三）特殊图案及包体

水晶内含包体有时会形成美丽的图案，如幽灵水晶、风景水晶或呈束状排列的针状包体等，其价值都高于普通的水晶。图案越美观、越有意境越好。发晶的价值取决于发的颜色、大小及稀有程度，一般发色鲜艳、块度大的价格高。

四、水晶的"化妆"和"整容"

（一）优化

水晶的优化方法主要为热处理，通过热处理可以把一些颜色较差的紫晶变成黄水晶或绿水晶。许多黄水晶是由颜色比较淡的紫晶加热而成。

（二）处理

对水晶的处理方法包括染色处理、辐照处理、覆膜处理。

1.染色处理

染色处理是把淬火炸裂的水晶染色，因此放大观察水晶时，能看到明显的炸裂纹，颜色全部沿着裂隙聚集。鉴别染色发晶的主要方法是，观察发晶中的颜色分布状况，染色发晶的颜色主要呈断续状分布，而天然发晶的颜色

▲ 染色水晶，颜料沿裂隙分布

▲ 经热处理的黄水晶戒面

分布均匀。

2.辐照处理

主要用于将无色水晶变成烟晶，芙蓉石经辐照后颜色会加深。目前没有太好的手段检测辐照处理。

3.覆膜处理

无色水晶经覆膜后可呈各种彩虹色，但仔细观察会发现膜层有金属光泽。

五、水晶的常见仿品

市场上仿冒天然水晶的主要是合成水晶和玻璃。

▲ 市场上的仿水晶玻璃球

▲ 合成水晶晶体，长约10厘米，来自新疆博物馆

▲ 玻璃仿水晶球，也叫红云球，直径20厘米，市场价为1000~2000元，若为天然水晶价格可超百万元

（一）天然水晶与合成水晶

天然水晶手感发凉，为六方棱柱状晶体，晶体表面有横纹，内部具有一定形状的矿物包体，颜色分布不均。合成水晶的晶体中心有一个平整的片状子晶晶核，其晶体表面是一些水泡状坑或突起。同时，合成的晶体更纯净，色彩更艳丽。

（二）玻璃球仿水晶球

常用的鉴别方法共有两种，一种方法是观测内部包体，玻璃的内部包体是气泡，水晶中则是气液或矿物包体。另一种方法就是用笔在白纸上画一条线，把球体放置在线上，然后转动球体，一边转动一边观察，若能在某一方向上看到有双线，那么这个球体就是水晶球，否则是玻璃球。

六、水晶的价格

黄水晶：巴西黄水晶的价格在10~20美元/克拉，好的可达40美元/克拉；斯里兰卡的黄水晶质量好些，价格在40美元/克拉。

紫晶：2015年，直径2~5厘米的小紫晶挂件的价格为50元/克，质量中等者则为40元/克。3厘米×5.5厘米的顶级紫晶葫芦要价2万元，颜色略差一点的2厘米×2厘米小水滴坠，要价6800元。普通的紫晶价格在20美元/克拉左右，颜色深紫、质量好的价格在80~100美元/克拉。国内的紫晶手链便宜的100元/串，好的一串要数百元。

粉水晶：直径3厘米、高6厘米的圆柱形章，200元/个。

绿幽灵：这种水晶手串要贵些，普通的一串要数百元，好的一串要数千元甚至上万元。

水晶球：随质量价格差别很大，通常在数百元至数万元。直径10厘米左右好的水晶球，价格在5万元左右。市场上还有一种大于10厘米的红色仿"水晶球"，也叫红云球，卖数百元至2000元，其实都是玻璃球。

好的水晶球价格很高，2015年底，直径19厘米的水晶球，透亮，内部有绿幽灵，很漂亮，属于难得的佳品，要价400万元。

▲ 白水晶项链，参考价格800元

2014年6月，直径3~8厘米的白水晶球，有明显包体和少量杂质，要价2500元/千克。直径10厘米的芙蓉石球，质量一般，要价2500元/千克。直径20厘米的乌拉圭去皮紫晶聚宝盆，要价2500元/千克。

钛金水晶：目前在国内市场上，这种水晶的价格被炒得最高，一般一个看上去稍好点儿的挂件就得上万元，手串也得几万元。大的水晶摆件价格都需要面议。

水晶晶洞：巴西紫水晶洞的价格在200~460元/千克。乌拉圭水晶洞的价格更高些。

▲ 观音，白水晶，重1千克，市场价为6000元，优惠价为4200元

第十章

海蓝宝石

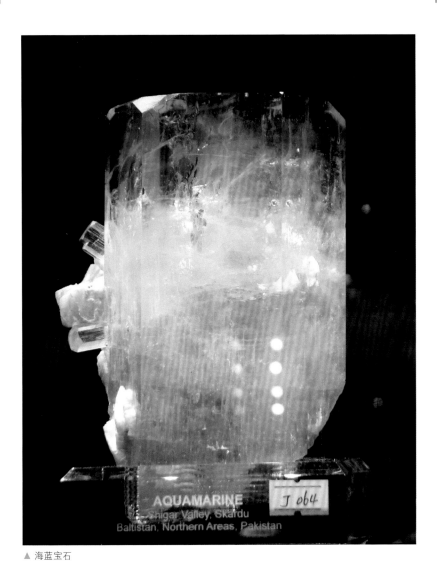

AQUAMARINE
Shigar Valley, Skardu
Baltistan, Northern Areas, Pakistan

J 064

▲ 海蓝宝石

　　海蓝宝石作为三月的生辰石，象征着幸福和永葆青春。传说这种美丽的宝石来自海底，是海水的精华，因此传说航海者佩戴海蓝宝石可以确保安全。海蓝宝石与祖母绿同为绿柱石家族的成员。

一、海蓝宝石的宝石学特征

海蓝宝石的宝石学特征如下，这是鉴定的主要依据。

矿物名称	化学成分	颜色	晶体形状	其他物理性质	放大检查
绿柱石	$Be_3Al_2(SiO_4)_3$	浅蓝色、绿蓝色至蓝绿色	六方柱状，柱面上长有纵纹	光泽：玻璃光泽 透明度：透明至半透明。 折射率：1.577~1.583 硬度：7.5~8 密度：2.72克/立方厘米	平行排列的管状包体和气液包体

二、海蓝宝石的简易鉴定方法

（一）看颜色

海蓝宝石的颜色是特有的天蓝色或海水蓝色。

▲ 椭圆形海蓝宝石戒指

▲ 海蓝宝石戒指，阶梯形祖母绿切工

（二）其他

　　海蓝宝石为柱状晶体，晶体上有纵纹。其内部有针管状或雨丝状包体。海蓝宝石的硬度较大，摩氏硬度为7.5~8，比水晶、玻璃硬。质量好的海蓝宝石常被做成戒面，质量差的海蓝宝石常被做成手串。

▲ 海蓝宝石，18.3厘米，产自巴基斯坦北部的Haramosh山区

▲ 海蓝宝石，2.1 厘米 × 2.7 厘米 × 4.7 厘米，产自纳米比亚，2000 美元

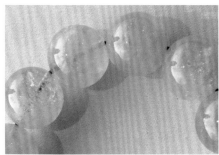

▲ 海蓝宝石手串，内部有冰裂和包体

▲ 阶梯形海蓝宝石

三、海蓝宝石质量好坏的鉴定

选购海蓝宝石时，应主要从颜色、大小、净度、切工来考虑。好的海蓝宝石颜色要纯正、鲜艳，越浓越好；瑕疵要少，干净、透明；切工要规整；对称性、抛光好。

四、海蓝宝石的"化妆"和"整容"

（一）优化

对海蓝宝石的优化方法主要是加热处理。呈绿色和黄绿色的绿柱石经加热后会变成优质的海蓝宝石，颜色稳定。

（二）处理

1.辐照处理

对海蓝宝石的处理方法主要是辐照处理。这种方法可以把无色绿柱石变成黄色绿柱石、把蓝色绿柱石变为绿色绿柱石，把粉红色绿柱石变为橙黄色绿柱石。是否经过辐照处理目前还检测不出。

2.覆膜处理

即在海蓝宝石上喷涂有颜色的胶。鉴定特征是：经覆膜处理的海蓝宝石颜色不均匀，有局部脱落现象。

五、海蓝宝石的常见仿品

主要是玻璃和蓝色托帕石。蓝色托帕石和海蓝宝石的区别就是蓝色托帕石手感较重，较干净。

六、海蓝宝石的市场价格

中国产的海蓝宝石通常为淡蓝色，质量为3~10克拉，价格在140~210美元/克拉。产自巴西的海蓝宝石，颜色淡的不到200美元/克拉，10~30克拉、有着透亮蓝色的价格可达1000~1400美元/克拉。

石榴石、沙佛莱石、翠榴石

▲ 红色石榴石，11厘米，墨西哥，4000美元

由于石榴石的晶体与石榴籽的形状类似，因此得名"石榴石"，石榴石在中国古代的寓意为"多子多福"。许多国家把石榴石定为一月的生辰石，此外它还象征着忠实、友爱和贞操。普通的石榴石是指红色和黄色系列的石榴石，是现在比较常见的中低档宝石之一。

一、石榴石的宝石学特征

石榴石的宝石学特征如下，这是鉴定的主要依据。

矿物名称	化学成分	颜色	晶体形状	其他物理性质	放大观察
石榴石	$A_3B_2[SiO_4]_3$ A表示 Ca^{2+}、Mg^{2+}、Fe^{2+}、Mn^{2+} 等二价阳离子，B表示 Al^{3+}、Fe^{3+}、Cr^{3+} 等三价阳离子	未见到蓝色外，有红、绿、黄、粉、紫和黑色的石榴石都有产出	菱形十二面体、四角三八面体或二者的聚形	光泽：玻璃光泽至亚金刚光泽 透明度：透明至半透明 折射率：1.71~1.90 密度：3.15~4.20克/立方厘米	针状、浑圆状、马尾丝状矿物包体，热浪状包体

二、石榴石的简易鉴定方法

（一）看晶形

石榴石原石的晶体结构有点像足球，具有四角三八面体、菱形十二面体的晶形。

（二）看颜色

石榴石的常见颜色为暗红色或暗粉色，其中铁铝榴石一般呈暗红色，镁铝榴石呈红色、玫瑰红色，但从不同方向看也是玫红或褐色。石榴石常含有浑圆的矿物晶体和针状金红石包体，其中锰铝榴石特有的橙红色、橙黄色非常醒目，包体是波状气液包体；钙铝榴石含有黑色固体矿物和热浪状包体；翠榴石为翠绿色并且含有马尾丝状包体。

▲ 橘红色石榴石

▲ 橘色石榴石

▲ 粉色石榴石吊坠　　　　　　　▲ 红色石榴石吊坠

（三）其他

　　石榴石为均质体宝石。内部常含有固体矿物包体。石榴石的密度大，用手掂会感到重。石榴石的摩氏硬度为7~8。

三、石榴石质量好坏的鉴定

　　绿色石榴石最为珍贵。其中，翠榴石由于颜色翠绿，在国际宝石市场上非常受欢迎。纯净无瑕，颜色鲜艳、晶莹剔透的翠榴石价值很高，也是石榴石中价值最高的，优质的翠榴石甚至可以和祖母绿相媲美。其次是沙佛莱石。紫红色、暗红色、黄色系的石榴石最为常见，通常所说的石榴石都是指这个系列。

　　石榴石的评价与选购应以颜色、透明度、净度、大小为依据，其中颜色是最为重要的特征。透明度好且颜色正的红色、橙红色石榴石比较好，橙色的石榴石近几年价格上涨较快。颜色深、内部包裹体多、有裂纹的石榴石质量差，价格很低。

　　石榴石家族中有2个珍贵的品种：沙佛莱石（Tsavorite）是绿色钙铝榴石，含有微量元素铬和钒元素；翠榴石（Demantoid）是指绿色的钙铁榴石，其因为含有铬元素而呈绿色。质优的翠榴石因产地少、产量低，具有很高的价值，一举跻身于高档宝石之列。

▲ 翠榴石戒面

▲ 石榴石项链

▲ 沙佛莱石戒指

四、石榴石的"化妆"和"整容"

（一）优化

常用的优化方法为加热处理，这样可使石榴石的颜色变亮丽，但包体可能被溶蚀。

（二）处理

常用的处理方法主要为充填处理，即用树脂材料充填表面的孔洞或裂隙。放大观察经充填处理的石榴石，可见表面光泽差异，裂隙和孔洞中有时可见气泡。

五、石榴石的常见仿品

石榴石的常见仿品为玻璃，放大观察后者能看到气泡，此外玻璃的颜色均匀，内部干净完美。

珠宝玉石简易鉴定手册（第二版）

六、石榴石的价格

（一）红色石榴石

1~2克拉、有着透亮红色或粉红色的石榴石，其价格在30美元/克拉；褐红色、暗红色的石榴石，其价格在7~9美元/克拉。而3~4克拉、颜色正红的要贵得多，在80~100美元/克拉。而在国内市场上，普通的红色石榴石价格在70~80元/克拉。10克拉大小的、颜色好的红色石榴石，批发价为1000元/克拉。

（二）橘红色石榴石

2~5克拉、颜色亮丽且透明度好的橘红色石榴石，在国外市场上的价格为500~600美元/克拉，国内要4000元/克拉。而颜色较淡或较深发暗的橘黄色石榴石的价格在50~60美元/克拉。

（三）变色石榴石

有些石榴石能不同光照条件下变色：在荧光灯下为蓝色，在日光灯下为红色，这种石榴石的价格在1200~1500美元/克拉。

（四）沙佛莱石

在国外市场上，0.2~3克拉的沙佛莱石，其价格在700~1600美元/克拉；而在国内市场，便宜的沙佛莱石价格在3000~9000元/克拉。质量好的沙佛莱石，2克拉大小的，批发价为8300元/克拉；4克拉大小的，批发价为2万元/克拉。

▲ 石榴石戒面

（五）翠榴石

1~3克拉的翠榴石（含铬的钙铁榴石），其价格在3100~3600美元/克拉。

第十一章
坦桑石

▲ 精美坦桑石项坠

　　坦桑石是近几年新兴起的一种宝石，是1967年才在非洲的坦桑尼亚发现的新品种。它出产于坦桑尼亚北部的阿鲁沙地区，这也是世界上唯一的坦桑石产地。 1969年，为纪念当时新成立的坦桑尼亚联合共和国，这种当地独有的宝石被命名为Tanzanite，即坦桑石，并被迅速推向国际珠宝市场，尤其受到美国珠宝市场的青睐。

　　这种稀有的宝石最美的颜色为湛蓝色，有的略偏紫，有的从不同角度看会呈现蓝、紫或金黄色。坦桑石那美丽的蓝色是无法形容的，有人把浅色的坦桑蓝比喻成英国著名影星凯特·温斯莱特的眼睛。在人们得知《泰坦尼克号》的女主角罗丝所佩戴的"海洋之星"就是坦桑蓝之后，坦桑石便在市场上热了起来。电影中的"海洋之心"用的是坦桑石道具，真正的"海洋之心"则是名为"希望"的蓝钻石。蓝钻、蓝宝石都很贵，而坦桑石的价格较为亲民。

一、坦桑石的宝石学特征

坦桑石的宝石学特征如下,这是鉴定的主要依据。

矿物名称	化学成分	颜色	晶体形状	其他物理性质	放大观察
黝帘石	$Ca_2Al_3(SiO_4)_3(OH)$,可含有V、Cr、Mn等元素	淡红紫色、淡黄绿色、蓝色、褐色、黄绿色、粉色	柱状或板柱状	折射率:1.691~1.700 光泽:玻璃光泽 硬度:6.5~7 密度:3.35克/立方厘米 解理度:一组完全解理	一般较干净,有时也包含气液包体、阳起石、石墨和十字石等矿物包体

二、坦桑石的简易鉴定方法

(一)看颜色

坦桑石的靛蓝色很鲜艳,见不到色带或生长线,常见紫色调。

▲ 坦桑石戒面,透明,颜色偏淡　　▲ 坦桑石戒面,颜色好,深蓝色

▲ 三角形坦桑石戒指　　▲ 浅色坦桑石戒指

（二）看多色性

坦桑石具有强三色性，从不同的方向观察会有紫、绿、蓝三色变化，在某一方向上观察还可以见到紫红色。

▲ 同一坦桑石晶体，从不同角度观察会呈现不同的颜色

（三）其他

坦桑石的内部包裹体少，通常较干净。柱状或板状晶体。它的硬度适中，与玻璃接近。加工好的坦桑石戒面通常比较大，小的在2~5克拉，中等的在10~50克拉，大的可达上百克拉。

三、坦桑石质量好坏的鉴定

坦桑石的质量优劣取决于颜色、净度、质量、切工。由于坦桑石多数都比较干净，所以颜色和大小便成为最主要的判断依据。其中，坦桑石的颜色越蓝越好。由于大多数原产的坦桑石的颜色为具有褐色调的绿蓝色，因此，市面上的大部分坦桑石都是经过加热处理的，没有经过加热的坦桑石（需要看国际权威鉴定证书）的价格是非常昂贵的。坦桑石的质量比较大，一般10克拉以上的坦桑石具有较高价值，质量越大价值越高。切工以从台面观察到闪烁的蓝色多为好。

▲ 弧面形坦桑石戒指

四、坦桑石的"化妆"和"整容"

（一）优化

对坦桑石的优化处理方法主要是热处理、覆膜处理。热处理可以使某些带褐色调的坦桑石变为紫蓝色，处理后的颜色也很稳定。坦桑石多数都经过热处理，未经过热处理的坦桑石通常呈淡红紫色、淡黄绿色、褐色、古铜色和蓝色，比较难看。市面上有少量的高端坦桑石，有权威机构鉴定证书认为没有证据证明它们经过人工热处理，所以其价格要比非热处理的高许多，通常在1倍以上。

▲ 未经加热的黄色坦桑石晶体，2.5厘米，1850美元

（二）处理

覆膜处理多是在坦桑石戒面下部覆蓝色膜以冒充漂亮的蓝色。消费者购买时应注意坦桑石表面的光泽，经覆膜处理的常有树脂光泽。

五、坦桑石的常见仿品

坦桑石的仿品主要是玻璃、合成尖晶石。合成尖晶石无多色性，有弧形生长纹；而坦桑石呈明显的紫蓝色。

六、坦桑石的价格

近2年坦桑石价格有明显下降，约30%左右。蓝色坦桑石通常都经过热处理，俗称"有烧"，根据其质量和大小，价格范围在1000~3000元/克拉。"无烧"的坦桑石颜色通常不蓝，发灰，批发价不到1000元/克拉。大的蓝色坦桑石，如果有国际证书证明其"无烧"，价格要比"有烧"的坦桑石贵很多。

▲ 坦桑石时尚挂坠，未经加热处理，58.33克拉，2012年售价105.8万元

▲ 人造锆石仿坦桑石，544克拉，43美元

第十三章

葡萄石

▲ 精美葡萄石一套，参考价格为5万元

葡萄石，英文名为prehnite，也被人们称为"好望角祖母绿"。葡萄石原石的形状有板状、片状、葡萄状、肾状集合体。葡萄石是近两年新兴起的宝石，但现在在市场上已有了一定的占有率。

一、葡萄石的宝石学特征

葡萄石的宝石学特征如下，这是鉴定的主要依据。

矿物名称	化学成分	颜色	结构	其他物理性质	放大观察
葡萄石	$Ca_2Al(AlSi_3O_{10})(OH)_2$	绿色、深绿色、白、黄、红等	放射纤维状结构	硬度：6～6.5 密度：2.80～2.95克/立方厘米 光泽：玻璃光泽 折射率：1.616～1.649	放射纤维状结构

二、葡萄石的简易鉴定方法

（一）看颜色

葡萄石呈一种清透的黄绿色、淡绿色，透明度较好。葡萄石很少有深绿色的。

（二）看切工

葡萄石通常采用椭圆形蛋面切工，很少有刻面切工。

▲ 精美葡萄石戒面一组

▲ 葡萄石

▲ 葡萄石戒

▲ 葡萄石原石

（三）其他

葡萄石内部为放射纤维状结构。它的硬度与玻璃相近，摩氏硬度为6~6.5。

三、葡萄石质量好坏的鉴定

葡萄石近一两年来在国际市场上深受许多设计师的喜爱，选购葡萄石以内部洁净，质地细腻，透明，颜色悦目，颗粒大且圆润饱满为佳品。其中，颜色以鲜嫩的黄绿色为最好，越偏绿、颜色越深越好。白色、无色的也受欢迎，但价格比较低。

▲ 葡萄石吊坠

四、葡萄石的"化妆"和"整容"

葡萄石价格不高，所以优化处理不常见。

五、葡萄石的常见仿品

葡萄石的仿品主要是玻璃。放大观察时会发现，玻璃无葡萄石的纤维状结构。

六、葡萄石的价格

葡萄石的价格主要取决于其颜色的深浅：越绿越贵，越浅越便宜。商家对葡萄石的分级很细，颜色差一点，价格就会差很多。2015年底，5~20克拉的葡萄石，批发价一般在40~500元/克拉；质量更好的要1000元/克拉。品相差的则很便宜，2014年，1~3克拉的浅色葡萄石，批发价为10元/克拉；有包体、裂纹的绿色葡萄石，批发价为20元/克拉。

第十四章

和田玉

▲ 龙马出河，和田玉，2015年天工奖铜奖作品，白玉宽约15厘米

　　早在7000年前的新石器时代，昆仑山下的住民们就发现了和田玉。后从汉代至明代古人广泛使用和田玉，把和田玉视为权力、财富的象征。现在和田玉是中华民族的瑰宝，被提名为中国的"国石"。

　　和田玉原本是指产在新疆和田的软玉，但现在和田玉已不代表产地，而是代表软玉这一玉石品种。中国青海、韩国、俄罗斯也产和田玉，而产于中国新疆和田的和田玉质量最好，玉质最为温润。软玉是以透闪石为主的矿物集合体，此外还有阳起石等其他矿物。

一、和田玉的宝石学特征

和田玉的宝石学特征如下，这是鉴定的主要依据。

矿物名称	化学成分	颜色	结构	其他物理性质	放大检查
软玉	$Ca_2Mg_5(Si_4O_{11})_2(OH)_2-$ $Ca_2Fe_5(Si_4O_{11})_2(OH)_2$	白色、青色、灰色、浅至深绿色、黄色、褐色、黑色等	显微叶片状结构、显微纤维变晶结构、显微纤维状隐晶质结构、显微片状隐晶质结构等	光泽：蜡状光泽、玻璃光泽-油脂光泽 透明度：半透明至不透明 折射率：1.606~1.632 密度：2.95克/立方厘米 硬度：5.5~6。软玉的韧性极大，仅次于黑金刚石	毛毡状结构，有时还见一些类似饭粒的特征

二、和田玉的简易鉴定方法

（一）看颜色

和田玉多为白色，但也有其他多种颜色。根据颜色不同，和田玉可划分为白玉、青玉、青白玉、墨玉、青花玉、碧玉、黄玉、糖玉。

白玉：呈白色，可泛灰、黄、青等杂色。白玉中的极品为羊脂玉，其颜色像羊的脂肪一样白和油。

青玉：颜色从青至深青、灰青、青黄等色。

青白玉：以白色为主，介于白玉与青玉之间。

墨玉：即含有石墨的和田玉。其颜色以黑色为主，呈叶片状、条带状聚集。石墨少时会夹杂少量白色或灰色，颜色多且不均匀。

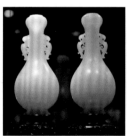

▲ 和田玉花瓶一对

▲ 双耳瓶，白玉，宽约10厘米，获2012年天工奖优秀作品奖

▲ 颜色鲜艳的碧玉

▲ 墨玉，荷塘月色，如意、莲花、青蛙

▲ 和田玉兔，色白油润　　▲ 黄玉，麒麟牌　　▲ 青白玉，鱼跃　　▲ 糖玉童子戏佛手把件
　　　　　　　　　　　　　　　　　　　　　　　龙门

青花玉：以白色为主，夹杂黑色。

碧玉：以绿色为主，常见有绿、灰绿、黄绿、暗绿、墨绿等。

黄玉：浅黄至深黄，可微泛绿色。

糖玉：呈黄色、褐黄色、红色、褐红色、墨绿色。这些颜色多为次生色，分布在和田玉表面。

（二）看结构

和田玉是毡状或变斑晶结构；常用来仿和田玉的大理岩玉是粒状或条带状结构，用这点就可以区分和田玉与大理玉。

（三）看光泽

和田玉有玻璃或油脂光泽，一般的和田玉多多少少都有油脂光泽的感觉，仿和田玉玉石则有玻璃光泽。

（四）看硬度

和田玉抛光好，表面光滑、亮丽；仿制品表面毛糙。

（五）看手感

和田玉的密度大，同等大小的和田玉和仿制品相比，前者明显感觉坠手，而后者则非常轻。用手或脸颊触摸玉石，感觉很凉的是真和田玉，感觉温和的是假的玉石或仿制品。

三、和田玉质量好坏的鉴定

评价与选购软玉要从质地、颜色、光泽、大小、净度、切工等方面来考虑。

(一) 质地

对和田玉来说，质地越细越好，因为它的质地越细腻，外表也就越滋润。一般情况下，我们用肉眼观看玉石时，如有明显的颗粒感，那么其质地就很差；如无颗粒感，则说明其质地比较好。若用10倍放大镜观察仍无颗粒感，其玉质就非常细腻了。总之，和田玉的质地要致密而不疏松，细腻而不粗糙，坚韧而不易碎，光洁而无瑕，油润而不干涩，无或少绺裂为最好。

(二) 颜色

对和田玉来说，颜色也是非常重要的。和田玉的颜色以艳丽柔和，纯正均匀为佳。白如羊脂者可被称为羊脂玉，这是极为稀少而珍贵的软玉品种。关于和田玉的颜色，古人总结出了非常形象而精彩的说法：绿色的软玉要绿如翠羽，黄色的软玉要黄如蒸栗，青色的软玉要青如苔藓，黑色的软玉要黑如纯漆。

珠宝玉石简易鉴定手册（第二版）

 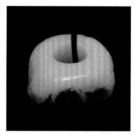 

▲ 和田玉雕件，美好家园，羊脂白玉，雕工精美，2012年天工奖金奖作品

▲ 挂件，和田玉，直径约7厘米

▲ 碧玉扳指

(三) 光泽

软玉大多有油脂至玻璃光泽，质量好的软玉应有油脂光泽，如油脂中透着清亮；质量差的则有蜡状光泽。在和田玉中，光泽最好的是羊脂白玉，其具有羊油一样的白色光泽，透闪石含量超过95%。

(四) 净度

瑕疵越少越好。软玉的瑕疵主要有石花、玉筋、石钉、黑点、绺裂等。瑕疵不但影响玉石的品质、出成率，而且影响其美观。

（五）料的类型

和田玉籽料的价格比山流水料、山料价格要高得多。山料是指从和田玉的原生矿开采出的玉石，一般产于山区，其外表呈不规则状、棱角分明。山流水料的产出位置距原生矿距离较近，主要是因自然剥落或冰川搬运而形成的软玉，外表具有一定的磨圆度，呈半棱角状，通常带一定的皮。籽料是由于流水的搬运和冲刷作用形成，产在河床中或河漫滩上，外表呈鹅卵石状，磨圆度好，无棱角，有厚薄不一的色皮。籽料比山料贵得多。戈壁料是产在戈壁滩上的和田玉，由于风的搬运和风蚀作用而形成。其表面有风蚀坑，但非常光滑。

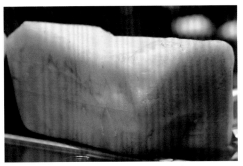

▲ 和田玉山料，300毫米×120毫米×100毫米

▲ 和田玉籽料手串

四、和田玉的"化妆"和"整容"

（一）优化

对和田玉的优化方法主要是浸蜡，这是为了掩盖裂纹、坑洞，改善光泽，使其看上去更美观。

（二）处理

对和田玉的处理方法主要有染色、拼合、做旧处理。染色主要是为了仿籽料的皮色。

▲ 白玉假皮籽料

1.染色

由于籽料比山料贵很多，所以为山料人工做假皮仿籽料的现象很常见。染色鉴定的特征是：后染的色存在于玉石的表皮和裂纹中。

2.拼合

拼合多是仿巧雕，把两种不同颜色的和田玉巧妙地粘在一起。拼合法的鉴定方法是：仔细寻找结合缝，拼合的和田玉的结合缝内可见气泡，而且可以观察到结合缝两边的颜色明显不同，没有过渡。

（三）其他

1.做旧处理

做旧的目的是仿古玉，在各种侵蚀作用下形成不同的沁色。其鉴定特征为表皮经过腐蚀后形成的颜色比较暗、旧、杂乱。

2.产地作假

用俄料、韩料仿冒新疆料。

珠宝玉石简易鉴定手册（第二版）

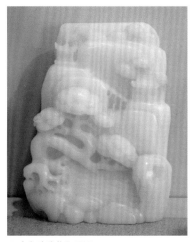

▲ 白色玻璃仿和田玉　　　　　▲ 绿色玻璃仿碧玉

五、和田玉的常见仿品

市场上的和田玉仿制品主要有玻璃料器、石粉，也有用大理石仿冒和田玉销售的，仿真度很高，消费者需要注意。目前市场上仿软玉的玻璃有白色和绿色两种：白色玻璃仿白玉，绿色玻璃仿碧玉。玻璃仿品和料器的鉴定方法见本书最后一章。

拿大理岩仿和田玉来说，大理岩的硬度小，用针刺可留下痕迹。放大观察大理岩可看到细条纹构造、粒状结构。

六、和田玉的价格

白玉：2017～2018年，市场不景气，普通客田玉产品价格下降了20%～30%左右。根据质量不同，和田白玉手把件的价格在数千元到数万元不等。由108粒直径6毫米的玉珠串成的和田白玉珠链，8000～10000元/串。而对白玉手镯来说，质量差的在数千元/个，质量好点的多在1万~5万元/个。

碧玉：直径8毫米的碧玉项链，8600元/串。碧玉手镯依

▲ 和田玉与相似玉石的区别

据其颜色、净度（内部是否有黑点）、用料多少（宽窄），批发价分别为9000元/个，1.5万元/个，2.6万元/个。

墨玉：2015年底，雕工一般的10厘米灰色墨玉手把件，批发价为2.8万元/件。雕工出色的黑色墨玉，价格可达8万元/件。

▲ 墨玉砚台

▲ 湖北绿松石雕件，锦上添花，重635克

绿松石也称为"松石"，因其形状似松球，颜色近松绿而得名。绿松石的英文名为Turquoise，意思是土耳其石。其实土耳其根本不产绿松石，之所以这么称呼它，是由于古代波斯产的绿松石要经土耳其运进欧洲。绿松石是国内外公认的十二月生辰石，代表胜利与成功，有"成功之石"的美誉。

一、绿松石的宝石学特征

绿松石的宝石学特征如下，这是鉴定主要依据。

矿物名称	化学成分	颜色	结构	其他物理性质	放大观察
绿松石	$CuAl_6(PO_4)_4(OH)_8 \cdot 5H_2O$	蔚蓝、淡蓝、蓝绿、绿、浅绿、黄绿、灰绿、苍白等，常含浅色条纹、斑点以及褐黑色的铁线	隐晶质集合体	透明度：不透明 光泽：蜡状光泽 硬度：3～6 密度：2.40～2.76克/立方厘米 折射率：1.610~1.650	常见暗色斑点、线状铁质或碳质包体

二、绿松石的简易鉴定方法

（一）看颜色

绿松石最显著的特征就是它的颜色——艳丽的天蓝色或绿蓝色，不透明。当然它也有其他的颜色，比如白色、黄绿色等。通常瓷度越高，颜色越深。泡松的颜色则发白、发浅，在没有沾水的情况下呈浅绿、浅蓝色，有粉状感。如果某块"绿松石"是纯白色，就需要注意了，它很可能是菱镁矿，而不是绿松石。

（二）看铁线

铁线也是绿松石的鉴定特征之一。铁线松具有明显的黑色、黄褐色铁线或黑斑。铁线的分布状态是从外到内，呈一定的深度，而且每条铁线的大小、宽窄都不相同。铁线的褐色或黑色是一些矿物（铁矿物和碳质矿物）的集合体。合成绿松石的铁线相对规则且在饰品表面，仿制品的铁线是黑色的胶状物。

▲ 湖北绿松石精品，花色独特，10克左右，2014 年的价格为 3000 元

▲ 绿松石泡水试验　　　▲ 泡松、硬松、瓷松

（三）看光泽、质地

绿松石的表面具有蜡状光泽或油脂光泽。多在市场上看看就会发现，不同级别的松石，质地、光泽有明显的差别。

（四）看硬度

高瓷的松石，其硬度和玻璃相近，有的甚至可以划动玻璃。泡松颜色浅、硬度低，用硬币就可以划动。如果某块绿松石的颜色很浅，但可以划动玻璃，那很可能是注胶了。瓷松用小刀刮不动，硬松用小刀可以刮下少量粉末。如果是干的绿松石，用小刀刮下来的东西打卷，就说明其被注胶了。

（五）看包裹物

部分绿松石在绿色和蓝色底色上常常有一些细小、不规则的白色斑块和纹理，这些白色物质是高岭石、石英等矿物。

（六）泡水试验

绿松石具有吸水性，泡水后颜色会变深。绿松石的质地越松散，在水中的反应越快，几秒钟颜色就变深，入水部分的颜色更会加深很多。最好的瓷松在水里泡上十几分钟也会出现颜色变深的现象，但没有泡松那么明显。高瓷的绿松石就更不明显了。但如果高瓷的绿松石被优化了，如过蜡，其颜色也会变深，但要慢些。如果被注胶，则基本看不出水线。

（七）火烧试验

用火烧绿松石或从其上刮下来的粉末、碎片时，纯天然的绿松石不会有什么味道，最多也就是点儿土腥味。如果闻到松香味、刺鼻味，则应该是被注胶了。现在注胶技术高了，有些注胶绿松石用打火机烧后都没有明显反应和变化。

珠宝玉石简易鉴定手册（第二版）

三、绿松石质量好坏的鉴定

绿松石属优质玉材，决定其质量的主要因素是致密程度、光泽和大小，然后才是颜色、花纹的美丽程度。

（一）结构致密程度

绿松石的结构要致密，这样才会具有较高的密度和硬度，一般绿松石受风化程度越重，密度和硬度越小。在结构致密程度上，瓷松最好，其次是硬松，面松、泡松较差。

▲ 桶珠，湖北绿松石

（二）光泽

在绿松石中，就光泽来看，瓷松是最好的，有着土状光泽的泡松则最差。绿松石应有像瓷器一样的光泽，光泽越亮越美。

（三）大小

绿松石的直径越大越好，直径15毫米以上的瓷松圆珠属于上等品。

（四）特殊花纹

绿松石中的铁线如果形成美丽的花纹，就可以提高绿松石的品质。

（五）颜色

颜色是评价绿松石最重要的因素。绿松石的颜色要纯正、均匀、鲜艳，最好的是天蓝色，其次为深蓝色、蓝绿色、绿色、灰色、黄色。

▲ 原矿绿松石
与注胶绿松石

（一）绿松石材料的特点

绿松石脆性大、微孔隙多，开采出来的绿松石有瓷松、面松、泡松，其中瓷松只是一小部分，绝大部分是面松、泡松。这些材料多数是不能直接加工的，需要处理后才可以加工。

（二）优化

浸蜡可加深绿松石的颜色，封住细微的孔隙，使其不易被浸污、失水，同时提高光泽度。市面上多数原矿绿松石都会过蜡的。鉴别浸蜡与否的方法是：在放大镜下，用热针或热源接近绿松石表面，蜡受热（夏天可在太阳下晒或烤）后会变软或变成小珠渗出表面。

▲ 经充填处理的绿松石

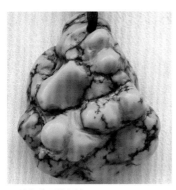

▲ 注塑处理的绿松石

▲ 电解处理的绿松石"路路通"

（三）处理

1.浸胶

浸胶处理是把绿松石原料或者半成品放入环氧树脂里，在常温、常压下浸泡一定时间（通常数小时到数天），目的是提高绿松石的表层硬度。

2.注胶、注塑

注胶、注塑是一种比较复杂的处理方法。其过程是将绿松石放在密闭容器，用真空泵抽空容器和绿松石中的空气，然后在高压下注入树脂，使树脂充分注入松石孔隙。注胶时通常会直接注入有色染料，这样会显著改善绿色的颜色。泡松经过注胶后可以利用。

鉴别注胶与否的方法是：对处理过的绿松石，用手摸会感觉黏手，如果用热针去扎则会产生特殊辛辣气味。如果是没有注塑的原矿铁线绿松石，铁线处处理得再好，都会有一些凹陷，甚至可以触摸得到。这些凹陷在边角处会更明显。

3.染色

染色处理是将颜色为浅色或近乎无色的绿松石浸于无机或有机染料中，将绿松石染成需要的颜色。由于绿松石是粉状矿物集合体，矿物之间有孔隙，面松的孔隙更多，所以很容易被染色。

鉴定染色与否的要点是：染的颜色不自然，多在绿松石的表面，颜色层很浅，一般在1毫米左右，某些地方可能露出浅色的核。但在裂隙处颜色会变深。如果是先染色，后打孔，会发现孔边缘和外表的颜色不一样。

（四）扎克里法（Zachery）

经这种方法处理的绿松石目前还没有效的鉴定方法，只是研究发现，被处理的绿松石比天然绿松石钾元素的含量高。目前市场上的多数美国绿松石都经过了该方法的处理。

五、绿松石的常见仿品

市场上常见的绿松石仿品有人造的绿松石和染色菱镁矿。

（一）人造绿松石

人造绿松石主要是用白色粉末、颜料和胶制作而成。其铁线相对规则，不如天然绿松石自然。它的黑色铁线为黑色胶状物，没有矿物颗粒感。

（二）染色菱镁矿

放大观察染色菱镁矿，会发现在缝隙或凹陷处有颜色聚集，能明显看出

▲ 俄罗斯生产的合成绿松石

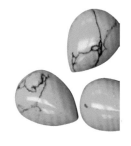

▲ 合成绿松石，日本材料。铁线、瓷度和颜色模仿的都较到位

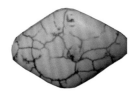

▲ 菱镁矿染色仿铁线松

▲ 绿松石仿品——维也纳绿松石
（Viennese Turquoise）

▲ 菱镁矿染色仿绿松石

▲ 绿松石仿品——新石（Neolith）

▲ 人造材料仿绿松石项链

颜色分布不均匀且呈线状。其表面不透明，无白色条纹、斑块和黑色铁线。天然绿松石的颜色一般较为均匀，有铁线。

六、绿松石的价格

2015年绿松石的市场行情大致如下：

（一）湖北绿松石

国内市场上最多的绿松石是湖北绿松石。普通的湖北绿松石价格在150~500元/克。1~2厘米大小的湖北白色面松，50元/克。长2厘米、质量较高的湖北铁线瓷松佛头，价格为佛头450元/克。直径20毫米以上、质量好的湖

▲ 湖北绿松石，1.2厘米×3厘米，瓷松，质量较好，要价1200元/克

▲ 湖北绿松石，斑点状，上部为浸染状

▲ 黄绿色绿松石球，湖北

▲ 绿松石大珠，2015年参考价600元/克

▲ 八仙过海，绿松石雕，绿松石宽约20厘米，获2015年天工奖优秀作品奖

北瓷松，价格在600~1500元/克。直径3厘米的顶级湖北瓷松，4000元/克。瓷松如果带有好的花纹价格都比较高，2018年12月，1.5×2.0厘米的弧面形绿松石价格1.2万元；2.0×2.5厘米的同类绿松石价格为3万元。

▲ 安徽绿松石。和湖北松石比更蓝，但充胶者多，价格便宜

▲ 造型各异的绿松石观赏石，安徽

珠宝玉石简易鉴定手册（第二版）

（二）安徽绿松石

安徽绿松石多数充胶，市场上不多，比湖北绿松石便宜。

（三）美国绿松石

美国产的蓝色绿松石，价格大致在800~3000元/克。比如，质量好的美国蓝松，9克，批发底价2万元。质量较好的美国绿松石项链，批发价为1400元/克。直径7毫米的"睡美人"绿松石项链要价2000元/克，直径15毫米的项链要价50万元/条。

（四）波斯绿松石

波斯绿松石颜色较蓝，湖北的颜色偏浅。普通的波斯绿松石要价800元/克，1厘米×2厘米大小的铁线瓷松，1200元/克。较好的波斯蓝色瓷松，2500元/克。3厘米×5厘米大小的挂件一对，总价10万元。

▲ 精美美国蓝色绿松石

▲ 蓝色波斯瓷松，3厘米×5厘米大小，一对，总价10万元，2500元/克

第十六章

独山玉

▲ 独山玉山子

　　独山玉因产于中国河南南阳独山而得名，又名"南阳玉""独玉"。南阳玉玉质细腻柔润，色彩斑驳陆离，是工艺美术雕件的重要玉石原料，也是南阳著名特产，还是中国四大名玉之一。高档的翠绿色独山玉与翡翠非常相似，所以独山玉也有"南阳翡翠"的美称。早在6000年以前，古人就已开采独山玉，在安阳殷墟妇好墓出土的玉器中，有不少独山玉的制品。

一、独山玉的宝石学特征

独山玉的宝石学特征如下，这是鉴定的主要依据。

岩矿名称	化学成分	颜色	结构	其他物理性质	放大观察
黝帘石化斜长岩	$CaAl_2Si_2O_8$，$Ca_2Al_3(SiO_4)_3(OH)$	以绿、白、杂色为主，也有粉、紫、蓝、黄等色	细粒至纤维状结构	硬度：6.0~6.5 密度：2.73~3.18克/立方厘米 透明度：透明至半透明 光泽：玻璃或油脂光泽	颗粒比较细，粒状-纤维状结构，质地细腻

▲ 独山玉印章　　▲ 独山玉手镯　　▲ 独山玉挂件精品　　▲ 独山玉挂件，高5厘米

二、独山玉的简易鉴定方法

（一）颜色

独山玉最明显的鉴定特征是颜色。独山玉的颜色多样，但常见的就那么几种。一般一块玉料上多具有2~3种颜色，呈斑驳状分布。

（二）产品形式

独山玉产品的形式为各种大小雕件、摆件和挂件，也有手镯、扳指，少量的珠串。

（三）其他

独山玉的结构是粒状至纤维状结构。其摩氏硬度为6~6.5，与玻璃相近。

三、独山玉质量好坏的鉴定

独山玉以色正、透明度高、质地细腻、无杂质和裂纹者为最佳。其中，粉色、白色、绿色的独山玉价值较高。独山玉的块度越大越好，一般大的独山玉雕件应大于1千克，对个别做首饰的特级品可以降低要求。

四、独山玉的"化妆"和"整容"

未发现。

五、独山玉的常见仿品

独山玉的常见仿品有石英岩、大理岩。

（一）石英岩鉴别

石英岩的颜色均匀，透明度高；独山玉的颜色杂，一块雕件上通常有多种颜色。

▲ 深山访友，独山玉

（二）大理岩鉴别

大理岩的硬度低，用针在不影响外观的地方刺，会留下印记。另外，在其表面点酸会起泡。

六、独山玉的价格

独山玉手镯的价格随质量相差很大，价格从数百元到数万元不等。独山玉小挂件一般卖到数百元，好点的几千元。独山玉摆件通常要价数千元到数万元，精品摆件可达数十万元。

珠宝玉石简易鉴定手册（第二版）

　　原本主导玉文化的岫岩玉，自汉代以来，因和田玉的一枝独秀而被遮蔽
了光芒。在八千年的中华玉文化历史中，作为红山文化玉器主要玉料的岫岩
玉，是中华玉文化的开路先锋，堪称"中华第一玉"。岫岩玉包括蛇纹石玉和
透闪石玉，人们常说的岫玉是指蛇纹石玉，属于玉质相对较低的玉石，而透
闪石玉也就是所谓的"软玉"，在市场上叫作老玉、河磨玉，具有与新疆和田
玉一样优良的品质。

一、岫玉的宝石学特征

岫玉的宝石学特征如下，这是鉴定的主要依据。

矿物名称	化学成分	颜色	结构	其他物理性质	放大观察
蛇纹石	$(Mg, Fe, Ni)_3$ $SiO_2O_5(OH)_4$	无色至黄绿色、绿色、深绿色、灰黄色、白色、棕色、黑色及多种颜色的组合	细粒叶片状或纤维状隐晶质结构	光泽：蜡状至玻璃光泽 透明度：透明至不透明 折射率：1.56～1.57 密度：2.57克/立方厘米 硬度：随矿物成分的变化而变化，在2.5～6	有黑色铁矿物，白色棉絮状物。叶片至纤维状结构

二、岫玉的简易鉴定方法

（一）看颜色及纹理

岫玉的颜色通常为黄绿色、深绿色、绿色、灰黄色。由于岫玉的块体较大，所以常见多种颜色组合出现。

（二）看产品形式

岫玉产品的主要形式为各种较大的摆件。质量好的岫玉可以做首饰，常见的有手镯、挂件、手把件、戒指和项链。

▲ 精品岫玉项链，是否有点冰种翡翠的感觉？

▲ 精品岫玉项链

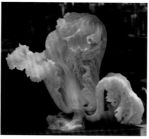

▲ 佛，精品岫玉挂件，高约5厘米，2015年要价3000元

▲ 岫玉白菜，作品名为"留得清品展人间"，大小36厘米×20.5厘米×12厘米，获2015年天工奖优秀作品奖

▲ 观音，黄绿色岫玉，高约8厘米，2015年要价5250元

（三）其他

岫玉表面有蜡状光泽至玻璃光泽。其表面或内部有黑色铁矿物或白色棉絮状物。岫玉具叶片–纤维状结构，有参差状断口。用小刀刻划岫玉毛坯料时，由于其硬度小于小刀，所以能够划动。

三、岫玉质量好坏的鉴定

选购岫玉主要看其颜色、透明度、质地、净度和块度。一般要选绿色到深绿色、高透明度、无瑕疵、无裂隙、块度大的，这样的物件才有价值。岫玉中比较好的品种是深绿色180岫玉。

四、岫玉的"化妆"和"整容"

对岫玉的处理方法主要是浸蜡、染色处理、做旧处理。浸蜡是用无色蜡

▲ 岫玉雕件，寿桃

▲ 质量较好的180岫玉手镯，3500元/个

陈宝玉石简易鉴定手册（第二版）

充填裂隙或缺口以改善外观；染色处理则可以将岫玉染成各种颜色。这两种处理方法的鉴定特征为：放大观察时很容易发现裂纹中有颜色集中现象。做旧处理往往能把质地粗糙的玉石做旧为仿古玉，做旧的方法有加热熏烤、强酸腐蚀、染色等。做旧处理的鉴定特征为：外观没有自然的陈旧感，有"沁色"或被腐蚀的表面非常生硬。

五、岫玉的常见仿品

岫玉仿品不多，偶尔有玻璃仿品。

六、岫玉的价格

岫玉小挂件的价格通常为数十元到数百元，是普通百姓可以负担得起的玉石。质量差的岫玉手镯价格只有数百元：呈发白的浅绿色的300元/个，稍好点的800元/个。质量一般的绿色岫玉手镯2500元/个。质量较好的180料岫玉手镯、手串都是3500元/个。质量较好的黄绿色岫玉手镯8000元/个。直径2厘米的顶级180岫玉手串1.5万/串。

河磨玉属于软玉，不属于蛇纹石玉。河磨玉的主要矿物成分为透闪石，按国标规定，属于广义的和田玉。其价格比岫岩蛇纹石玉高得多。河磨玉手镯一般要数千元一个，好的要1万～3万元/个。河磨玉手把件一般数千元一个，好点的上万元一个，甚至小几万元一个。

▲ 岫玉岁寒三友摆件，俏雕喜鹊

第十八章

翡翠

▲ 镶钻翡翠项链，满绿，水头好

　　翡翠是由硬玉或由硬玉及其他钠质、钠钙质辉石(钠铬辉石，绿辉石)组成的具工艺价值的矿物集合体。翡翠得名于中国古代的一种鸟，这种鸟的雄性呈艳红色，称为翡鸟；雌性呈艳绿色，称为翠鸟。翡翠沿用鸟的名称，红的叫翡、绿的叫翠。相对于岫玉、和田玉，对翡翠的开采和利用历史较短，翡翠首次进入中国是在元代，翡翠作为玉饰品被大量使用是在清代。翡翠的历史虽然短暂，却很辉煌，其地位很快超过了软玉。不论是清宫旧藏还是帝陵的殉葬品中，都有许多精美绝伦的翡翠玉器。现在翡翠已成为高档玉石，也是五月份的生辰石，受到国人的喜爱。

一、翡翠的宝石学特征

翡翠的宝石学特征如下，这是鉴定的主要依据。

矿物名称	化学成分	颜色	结构	其他物理性质	放大检查
硬玉	$NaAlSi_2O_6$，可含有 Cr、Fe、Ca、Mg、Mn、V、Ti 等元素	绿、紫、红、灰、黄、白及黑等色	纤维交织结构、粒状纤维交织结构、粒状结构、糜棱至超糜结构	硬度：6.5～7 光泽：玻璃光泽、蜡状光泽 折射率：1.66 密度：3.24～3.43克/立方厘米 透明度：透明-不透明	翠性、纤维交织结构、粒状纤维交织结构

二、翡翠的简易鉴定方法

（一）看颜色

翡翠有多种颜色，常见的为绿色、紫色、黄色、红色、白色、灰色和黑色。其中，绿色和紫色是翡翠的原生色，它们给人的感觉就像是从翡翠内部映射出来的，能找到色根。被染色的翡翠颜色常沿着裂隙或缝隙沉淀聚集。红色是翡翠的次生色，会沿着裂隙分布。天然的红色翡翠的透明度好，红的自然；被染色的红色翡翠则不透明，颜色也过于鲜艳。

▲ 三色翡翠挂坠

▲ 白色翡翠吊坠

▲ 墨翠挂件

▲ 绿色、紫色翡翠佛挂件

▲ 黄、绿、紫三色翡翠，半
透明

▲ 黄色翡翠精品，水头好，
透明度高

▲ 精品绿蛋翡翠戒指

▲ 紫色翡翠戒

（二）看光泽

翡翠的光泽是玻璃光泽，明显比其他的玉石的光泽要强，有玻璃质感。

（三）放大观察

在翡翠中出现片状或丝状闪光的现象，俗称"翠性"，行话叫"苍蝇翅"。在透光下，用肉眼或借助放大镜就可以观察到，这是鉴定翡翠的一个重要特征。在阳光或灯光下观察白色的颗粒较粗的部分较易发现翠性，仔细看是否有片状、点状或线状闪光。矿物颗粒越大，"翠性"越明显。

（四）掂重量

翡翠的密度为3.33克/立方厘米左右，大于多数其他绿色玉石，用手掂有坠手的感觉。

137

（五）看硬度

翡翠为硬玉，摩氏硬度在6.5~7，比软玉和玻璃高。

（六）看产品形式

大的翡翠主要被做成各种雕刻摆件，小的主要被做成手镯、小挂件，高档的翡翠则被做成戒面、项坠。

三、翡翠质量好坏的鉴定

评价和选购翡翠主要从颜色、透明度、净度、块度、质地、雕工这几方面考虑，其中以颜色、透明度最为重要。

（一）颜色的价值

在评价和选购翡翠时，翡翠的颜色是至关重要的。当透明度、净度、质地相同时，有颜色的翡翠的价格要高于无颜色的翡翠。颜色上的微小差别，都会引起其价格几倍几倍地上扬。在众多的颜色中，以绿、紫、红三色为佳，它们都是翡翠中的高档颜色，其中尤以绿色最为艳丽与名贵，紫色和红色次之，其他颜色则较差。绿色是翡翠的宝，是最具商业价值的颜色。珠宝界又依据"浓、阳、正、均"和"淡、阴、邪、花"这八个字来评判翡翠的绿色的

▲ 有色无水的翡翠牌，属中低档

▲ 满绿色翡翠戒面

优劣就是说绿色翡翠中的颜色要足够浓、艳丽、纯正，而且还要分布均匀，这才能被称为佳品，反之则差些。

（二）透明度

行内一般把翡翠的透明度称为"水头"。水头好、长、足就是透明度高，水头差、短就是透明度不好。翡翠的水头可用光线在翡翠中透射的厚度衡量，分为1分水、3分水，最高则为10分水。

（三）净度

净度指玉石内部的纯净程度，即内部所含杂质和瑕疵的多少。透明度好的玉石，可观察到其内部所含的各种杂质和瑕疵。瑕疵更是影响玉石质量的重要因素之一，比如裂纹、绺裂、白棉。一块玉石中的瑕疵越多，那么它的价值就越低。这点在翡翠手镯中表现得尤为明显，比如有裂纹的手镯是非常不被认可的。

（四）质地

翡翠的质地主要是由翡翠中矿物颗粒的大小决定的，颗粒越小、质地越细腻越好，越细腻也就越滋润。这就是行内说的翡翠的"种"，有"内行看种，外行看色"的说法。

"地子"是指翡翠的底色。一般情况下，地子好，水头也好，可见地子也是选购翡翠重要的一个因素。在珠宝界，地子可分为玻璃地、冰地、糯化地、豆地、瓷地等。玻璃地和豆地的翡翠价格要相差百倍甚至千倍。

▲ 翡翠佛，冰种

玻璃地：完全透明，有玻璃光泽，无瑕疵，无杂质，结构细腻，清澈，韧性强，像玻璃一样均匀，无棉柳或石花。在10倍放大镜下无矿物颗粒感。因此，玻璃地翡翠是十分水的翡翠。

冰地：顾名思义，其结晶清亮似冰或冰糖，半透明至透明，给人以冰清玉莹的感觉。冰地干净、质地细腻，但不如玻璃地透。无色的冰种翡翠和"蓝花冰"翡翠没有明显的高低之分。

糯化地：其质地似透不透，具有如熟糯米般的细腻感，晶体犹如蛋清一般，水头足，呈半透明。

豆地：肉眼能分辨其柱状晶体，不透明，质地粗、干，如豆子般不太通透，透度只入表面二分，常多"棉柳""苍蝇翅""稀饭渣"等，豆地是1分水。

四、翡翠的"化妆"和"整容"

（一）优化

对翡翠的优化方法主要是加热处理、浸蜡处理。加热主要是使黄色、棕色、褐色翡翠转变成鲜艳的红色翡翠，所以市面上的红色翡翠好多都是经过加热的。浸蜡是玉石处理中常见

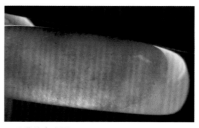

▲ C货染色翡翠

▲ B货翡翠

▲ 染色翡翠 B+C货

的方法，轻微的浸蜡不影响翡翠的光泽和结构。

（二）处理

在对翡翠的处理中，漂白、充填处理、染色处理是最常用的处理方法。根据处理方式的不同，翡翠可分为A货、B货和C货。购买翡翠时要重点注意B货和C货。

A货翡翠：天然的、未经过人工处理或只经过简单机械加工和琢磨的翡翠为A货翡翠，经过浸蜡、热处理的翡翠仍然属于A货。

B货翡翠：经过漂白、充填处理的翡翠叫B货翡翠。

C货翡翠：经染色处理的翡翠叫C货。

漂白、充填处理（B货）鉴定：B货翡翠的结构松散，观察其表面能看到网纹状结构，颜色发飘，无色根。一部分 B货翡翠有中等至强的黄绿、蓝绿色荧光。

染色处理（C货）鉴定：染色处理是把无色的翡翠染成绿色、红色或紫色，或把浅色的翡翠染成深色。天然翡翠的颜色有色根，结构细腻；染色翡翠的颜色过于鲜艳，放大观察时会发现其颜色沿着宝石颗粒缝隙分布而且深。被染色的红色翡翠有橙红色荧光。

我们在市场上常见既充胶又染色的翡翠，这就是B+C货，鉴定特征就是B货和C货的特征。

五、翡翠的常见仿品

翡翠的仿品不多，偶尔能看到染色石英岩和玻璃仿翡翠。放大观察仿翡翠的染色石英岩制品时，会发现其为粒状结构，内部颜色呈网纹状分布。放大观察玻璃仿翡翠时，会发现其内部有气泡，颜色沿裂隙堆积，手感较轻。黑曜石与墨翠也有相似之处，它们的区别则

▲ 玻璃仿翡翠戒，圆形为气泡

▲ 翡翠与染色
石英岩的区别

是：用强光手电照射时，翡翠呈绿色，黑曜石呈黑色、灰黑色。此外，二者的硬度差别也比较大。

六、翡翠的价格

近2年翡翠市场疲软，有种无色的价格下降较大，无色冰种，过去上1万元的挂件，现在3000～5000元。拿翡翠手镯来说，无绿色、水头不好、粒度粗、几乎没有什么美感的，要价都在1000～3000元；无绿色、有些水头的要数千元；水头稍好的通常要上万元；如果有明显绿色或紫色，就得要几万元；透明度好、有绿色、紫色的通常得到十万元以上。至于翡翠挂件，最便宜的不足百元，其石性很强，以石头为主；质量较差的数千元；水头、颜色具有一定美观度的通常要数万元至数十万元；质量好点儿的翡翠挂件通常要数十万元；绿色、水头好的要数百万至上千万元。蛋面形翡翠戒面的质量通常比较高，价格要比随形挂件高得多。B货和C货翡翠价格很低，通常为数百元到上千元。

▲ 高档满绿翡翠坠，标价80万元

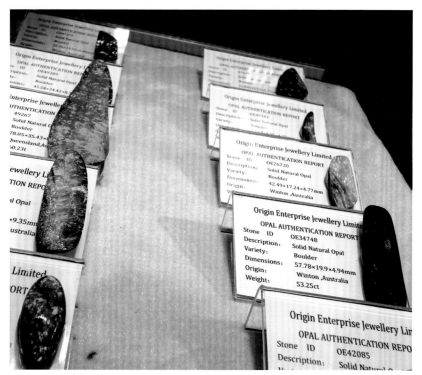

▲ 澳大利亚铁欧泊

　　欧泊是英文Opal的音译，也被称为澳宝。早在古罗马时期，欧泊就为人所知，而且价值极高。有人把欧泊的美比喻为画家的调色板。在一块欧泊石上，你可以看到红宝石般的"火焰"，紫水晶般的"色斑"，祖母绿般的"绿海"，五彩缤纷、浑然一体、美不胜收。欧泊是世上最珍贵的宝石之一，国际上也有人把欧泊与钻石、红宝石、蓝宝石、祖母绿、金绿宝石并称为世界六大名贵宝石。此外，欧泊还是十月的生辰石。

一、欧泊的宝石学特征

欧泊的宝石学特征如下，这是鉴定的主要依据。

矿物名称	化学成分	颜色	结构	其他物理性质	放大观察
蛋白石	$SiO_2 \cdot nH_2O$	由体色和变彩两部分颜色组成：体色有白、深灰、蓝、绿、棕、橙、橙红、红色等多种颜色；变彩则会产生五彩斑斓的颜色，但有的变彩只能产生单一的颜色	胶体结构	光泽：玻璃至树脂光泽 硬度：5~6 密度：2.10克/立方厘米 折射率：1.40~1.50	变彩的彩斑呈不规则片状，边界平坦且较模糊

二、欧泊的简易鉴定方法

（一）看颜色及光学效应

欧泊通常具有明显的变彩效应，变彩有白、红、绿、蓝、橙等多种颜色。放大观察天然欧泊变彩的彩片，会发现其色斑呈不规则片状，边界平坦且较模糊，在表面呈丝绢状。

火欧泊是一种无变彩或具有少量变彩的、透明到半透明的品种，其体色为橙色、橙红色或红色，主要产自墨西哥的火成岩中。

▲ 黑欧泊戒面，颜色亮丽，形状规整

▲ 火欧泊戒面

（二）看体色

根据体色的不同，欧泊可分为黑欧泊、白欧泊、火欧泊、晶质欧泊。欧泊的体色也被称为基底色、背景色，与鲜艳亮丽的显色相对应。欧泊的体色分为9级，从N1（自然黑）到N9（自然白）。

黑欧泊的体色为黑色、深蓝、深灰、深绿、褐色的品种，以黑色最为珍贵，因为其变彩的效果最好。黑欧泊产自澳大利亚新南威尔士州的莱顿宁瑞奇，是最为著名和昂贵的欧泊品种。体色级别在N1~N4的欧泊为黑欧泊，体色级别在N5~N6的为半黑欧泊。

▲ 戒面，黑欧泊，颜色亮丽，以红、绿、蓝为主，产自澳大利亚

▲ 黑欧泊，大小为17.53厘米×13.49厘米×6.44厘米，9.58克拉，产于澳大利亚闪电山

▲ 黑欧泊，大小为5厘米×6厘米

体色级别在N7~N9的被称为白欧泊或浅色欧泊，主要产自澳大利亚的库伯佩迪。白欧泊不能像黑欧泊那样呈现出对比强烈的艳丽色彩。然而，色彩十分漂亮的高品质白欧泊也时有发现。

铁欧泊，即砾石欧泊，英文名为Boulder。欧泊层通常较薄，生成于砾

▲ 澳大利亚白欧泊

石缝隙中，这种欧泊的母岩大部分是含铁矿石，因此被称为铁欧泊。与黑欧泊相比，由于铁欧泊层薄，在黑色的铁矿石母岩之上，所以通常会更亮丽。其与黑欧泊的最大区别是：黑欧泊的基质是体色深的蛋白石，铁欧泊的基质是铁矿石。铁欧泊层如果太薄、不规则，就不能沿欧泊层切割，而是切割为脉状，即宝石表面大部分是铁矿石，这种欧泊被称为脉石（Matrix）欧泊。

▲ 澳大利亚铁欧泊

（三）其他

欧泊的摩氏硬度为5~6。其光泽为玻璃至树脂光泽。欧泊的密度较小为2.15克/立方厘米，手感比较轻。

147

三、欧泊质量好坏的鉴定方法

世界上95%的宝石级欧泊产自澳大利亚。优质欧泊极为稀少，所以品质好的欧泊价格超过钻石。通常3克拉以上的欧泊才具有收藏价值。对欧泊质量的评价应从以下三个方面进行：

（一）体色和变彩

好的欧泊主要是指澳大利亚欧泊。澳大利亚欧泊分为三类，按质量从好到坏的顺序分别是：黑欧泊、铁欧泊、白欧泊。判断欧泊质量的第一个标准就是变彩，变彩的颜色越多、越明亮越好，其中红色越多越好，其次是橙色、黄色、绿色、蓝色；体色则要求越深越好；色彩层越厚越好，过薄的话欧泊的价值就要大打折扣了。

黑欧泊是欧泊中的皇族，是世界上品质最高的欧泊。因为它们既美丽又稀少，所以价格很高。其中，将艳丽的红色变彩呈现在黑色背景上的黑欧泊是最具价值的。

（二）净度与瑕疵

对欧泊来说，杂质、Potch、裂纹、瑕疵越少越好。英文中的"Potch"一词是指那些与优质欧泊伴生在一起的劣质欧泊或围岩，因此Potch越少越好。

（三）厚度和形状

欧泊层以厚、有效面积大的为好。欧泊通常是随形的，要根据个人喜好和款式设计、选择形状。制成圆形、椭圆形等标准形状，通常更费料，价格会更高些。

四、欧泊的"化妆"和"整容"

对欧泊优化处理的重点方法是欧泊二层拼合石和三层拼合石。

（一）欧泊二层拼合石（Doublet）

如果欧泊层很薄，将其用深色的粘胶黏合在深色的"Potch"或者其他围岩上，再经切割打磨，即做成了欧泊二层拼合石（Opal Doublet）。原本薄而透明，不易显示的色彩，变成二层拼合石后，在深色背底的衬托下，会呈现出犹如黑欧泊般的美丽的变彩效应。由于欧泊二层拼合石的外观酷似黑欧泊，而价格往往只是黑欧泊的几十甚至上百分之一，因而也被称为"穷人的黑欧泊"。

（二）欧泊三层拼合石（Triplet）

如果在二层拼合石的表面再附上弧形玻璃、树脂层，就是欧泊三层拼合石。

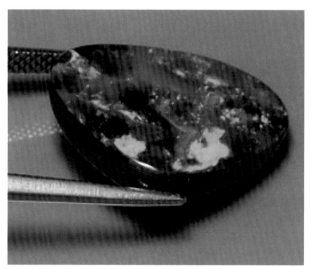

▲ 欧泊二层石，欧泊仅在表面层，下面是基础层

商家销售时会标明是"欧泊二层拼合石"。去澳大利亚旅游时，有些消费者由于不明白"Doublet""Triplet"的含义，而误将之当成黑欧泊来买，但二者的差价很大。鉴别拼合欧泊时，主要是观察有无接合缝，有时在接合缝中间可以看到气泡。

五、欧泊的常见仿品

149

（一）玻璃

欧泊的仿品主要是被称为"玻璃制品"的斯洛卡姆石。放大观察时，会看到在无色透明或彩色的玻璃内，包含长条状或片状的彩片。这些彩片具有固定不变的边界，边缘整齐。此外，它也没有天然欧泊的结构特征。

（二）人工欧泊

市面上常见的人工合成欧泊是吉尔森（Gilson）欧泊，它是实验室人工合成欧泊。放大镜观察合成欧泊的彩斑有柱状色斑、镶嵌状色斑、蜂窝状色斑，蜥蜴皮状、烟火构造。仿制品彩斑为规则的几何形状的块状色斑。

（三）斑彩石

斑彩石（Ammolite）有很亮丽的晕彩，其碎块看上去很像黑欧泊。斑彩石与欧泊的区别在于：斑彩石是鹦鹉螺的化石，成分是碳酸钙和有机质，表面色层软且脆，摩氏硬度在4.8左右。斑彩石如果直接裸露在空气中，表面会被氧化，颜色将慢慢变暗淡。因此开采出来的斑彩石通常都在其表面滴水晶胶或用水晶胶覆膜。

（四）产地

也有用非洲欧泊仿澳洲欧泊的，二者差价很大，这点要特别关注。

六、欧泊的价格

（一）澳大利亚欧泊

欧泊几乎没有一样的，通常按块卖，即"这一块多少钱"。也有人将总价除以克拉重量，换算为克拉单价。

黑欧泊：优质的澳大利亚黑欧泊价格最高，通常每克拉要数千美元，顶级黑欧泊每克拉要上万甚至几万美元。2015年年底，大小为1~2厘米的3块质量不同的黑欧泊，价格分别为1.4万美元/块、3万美元/块和5万美元/块。2015年4月，大小为1厘米、有淡淡红色的黑欧泊要价8万元；1.5厘米，蓝绿色，颜色亮丽的14万元。2014年年底，亮丽的蓝绿色黑欧泊，

▲ 斑彩石项坠

▲ 非洲欧泊

1.8厘米×2厘米，30万元。大小为2厘米×2.5厘米，质量好的黑欧泊，以蓝绿色为主，有少量橘黄色，特亮丽，要价93万元/块。2014年年底4块普通质量黑欧泊的价格为：0.6厘米×1.2厘米，多色，薄，只有1.2万元/块；蓝绿色，较亮，厚，0.7厘米×1.2厘米，3.7万元/块；蓝绿色，0.5厘米×1.1厘米，中等质量，厚，2.4万元/块；1.5厘米×1.4厘米，5万~9万元/块。

白欧泊：与黑欧泊相比，白欧泊价格便宜得多。优质的水晶白欧泊，色彩丰富，价格是500美元/克拉以上，质量稍差的在200~500美元/克拉。2014年底，2厘米×1.8厘米，质量较好的白欧泊，2万~3万元/块。

（二）墨西哥欧泊

橘红色墨西哥火欧泊的批发价为350元/克拉。质量较差、很不规则的随形墨西哥火欧泊，5~10克拉，红色的批发价为130元/克拉，红色有绿色火彩的260元/克拉。优质变彩墨西哥欧泊也很贵。

（三）非洲欧泊

非洲东北部的埃塞俄比亚产欧泊，档次比澳大利亚欧泊低很多，主要原因是其美观程度差，随时间会失水从而失去变彩效应。3~5克拉的非洲白欧泊批发价为300元/克拉，小的150元/克拉。

（四）秘鲁欧泊

秘鲁产蓝欧泊的质量通常不好，差的100元/克拉，质量好的戒面1200元/克拉。

第二十章

玛瑙、玉髓

▲ 寿比南山，精品柿子红南红玛瑙，质地细腻，颜色均匀、红润，雕工精美

玉髓是地壳里分布最广的石英质隐晶质玉石之一，在自然界呈团块状、皮壳状、钟乳状、块状分布。近年来，产自中国的黄龙玉是玉髓中较为有名的品种。玛瑙是一种有条带状花纹的玉髓。玛瑙区别于玉髓的一个很重要的特征就是它有花纹，尤其是具有同心层纹状或层带状花纹，而玉髓则没有。玛瑙由于纹带美丽，成为人类最早利用的宝石材料之一。古代的"七宝"之一就有玛瑙。当时玛瑙是价值相当高的罕见之物，所以人们常以"珍珠玛瑙"表示富贵。现在由于玛瑙原料很多，玛瑙饰品变得较为常见，但它仍属好玉料。玛瑙除了颜色极为丰富，还有含有苔藓状或树枝状杂质的苔藓玛瑙、含有水等液体的水胆玛瑙、具有晕彩效应的火玛瑙。正因玛瑙如此千姿百态，这才有了"千种玛瑙万种玉"之说。玛瑙玉石雕琢成的俏色工艺品市场价值很高。现在人们最喜欢的是南红玛瑙，它也是继和田玉、翡翠之后被炒作得最火的玉石。

一、玛瑙、玉髓的宝石学特征

玛瑙、玉髓的宝石学特征如下，这是鉴定的主要依据。

矿物名称	化学成分	颜色	结构	其他物理性质	放大观察
玉髓	SiO$_2$	乳白色、黄色、葱绿、苹果绿、暗绿、蓝、鲜红、深红、红褐等色	隐晶质结构	光泽：玻璃光泽至蜡状光泽 透明度：微透明至半透明 硬度：6.5～7 密度：2.57～2.64克/立方厘米 折射率：1.535～1.539	矿物颗粒极细，甚至在普通显微镜下也不易看清。有条带状花纹

二、玛瑙、玉髓的简易鉴定方法

（一）看条纹状构造

真玛瑙的表面具有典型的条带状花纹；玉髓通常没有条纹构造。

（二）看硬度

玛瑙、玉髓的成分主要是石英，其硬度在6.5~7，与玻璃接近或略高于玻璃。

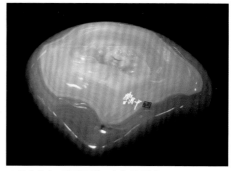

▲ 乐在其中，玛瑙巧雕，宽约15厘米

（三）看结构

好的玛瑙、玉髓的矿物颗粒很细，用肉眼甚至放大镜都看不到颗粒。部分玛瑙的颗粒较粗，用放大镜观察可以看到石英颗粒。

（四）看颜色

玛瑙、玉髓最常见的颜色

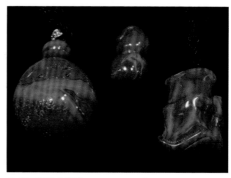

▲ 战国红蚕丝玛瑙

是白色、灰白色，也有黄褐色、深灰色。战国红玛瑙主要呈红色、黄色，并有白色条纹；南红玛瑙主要呈柿子红；盐源玛瑙具有独特的紫色和绿色。在透明度上，玛瑙通常为半透明状。

▲ 内蒙古阿拉善戈壁玛瑙珠

▲ 红玉髓佛珠链

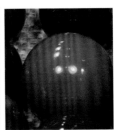
▲ 盐源玛瑙珠

▲ 水草玛瑙

▲ 白色玛瑙，水草玛瑙

▲ 十方肆喜，柿子红南红玛瑙，2015年11月天工奖银奖获奖作品

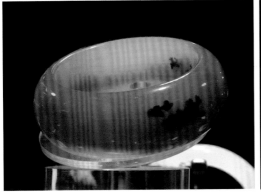
▲ 黄玉髓，精品黄龙玉手镯

▲ 中国台湾蓝玉髓

▲ 金包玉挂坠，绿玉髓

▲ 冰地飘花，南红玛瑙勒子。这种冰地含有较多的红色，可以说是"红上加红、红中飘花"

▲ 黄玉髓观音，精品黄龙玉雕，质地细腻，颜色均匀，半透明

三、玛瑙、玉髓质量好坏的鉴定

玛瑙、玉髓的优劣主要体现在颜色、结构、光泽等方面。

（一）颜色

首先要颜色美，一般来说纯色优于花色，但有特殊花纹的例外。纯色玛瑙的颜色要均匀、美丽，将颜色按其价格由低到高顺序排列，为：灰白色、白色、黑色、其他彩色、黄色、红色。虽然颜色越艳丽、越正越好，但颜色越艳丽，染色的概率也越大。

▲ 新疆金丝玉

▲ 戒指一组，中国台湾蓝玉髓

在珠宝界中有一句口头禅——玛瑙无红一世穷，可见红色对玛瑙来说是多么重要。因此，玛瑙的颜色红为贵、黄为尊：红体现中国红，受到中国人的喜欢；黄则是皇帝的颜色，体现贵。这也是南红玛瑙和战国红玛瑙广受追捧的主要原因。

（二）花纹

有花纹的玛瑙要从其花纹的粗细、排列、形状、清晰程度以及颜色的靓丽程度等方面进行评估。其花纹应明亮、清晰、细密、均匀。

（三）结构、光泽

玛瑙的结构要致密，光泽要润。玛瑙的颗粒越细、越致密、有胶质感则越好。玛瑙的质地要求温润，细腻，表面光洁无裂纹或裂纹少、短、浅，同时透明度也要高。

四、玛瑙、玉髓的"化妆"和"整容"

（一）优化

1.染色

　　根据国家标准，给玛瑙染色属于优化。通常玛瑙的条纹色彩不够鲜艳，种类也不丰富，主要是灰色、白色、褐色、黄色、淡绿色等，染色后出现鲜艳的颜色，且有玛瑙中很稀少的蓝色、紫色、大红色。战国红玛瑙本身颜色

▲ 香薰，红玛瑙

▲ 染色玛瑙项链，天然玛瑙没有这样鲜艳的蓝色　　▲ 染色玛瑙片

鲜艳、亮丽，但也有一些战国红玛瑙颜色不够亮丽，用染色的方法可使其条纹更好看。

2.热处理

热处理可以改变玛瑙的颜色。南红玛瑙以红为贵，但其他地区产的红玛瑙通常不够红，所以常常采用热处理方法使其变得更红，以仿冒南红玛瑙。这种经过热处理的红玛瑙通常呈褐红色，比较透亮，没有南红玛瑙的颜色深。

另外，好的黑玛瑙比较少，大部分的黑度不够，呈灰黑色。由于首饰和围棋中需要大量的黑玛瑙，所以多数黑亮的玛瑙是经热处理或染色形成的。热处理也可以使条纹状玛瑙条纹变得更好看。

（二）处理

南红玛瑙最大的缺点是裂纹多，特别是云南保山产的南红玛瑙，坊间有"无裂不保山"之说。因此在南红玛瑙领域，充填注胶现象很普遍。更有部分南红，因自己的颜色不够红，在注胶时添加了红色染料。

经充填处理的南红玛瑙的鉴定特征是在裂纹中有胶的存在。胶的光泽与玛瑙的不同，而且胶的硬度小。许多充胶玛瑙表面打磨成亚光（磨砂面），光泽不同较难发现。建议大家购买时用荧光手电从不同角度照照，因为许多胶有荧光效应，很容易看出充胶的裂纹。

五、玛瑙、玉髓的常见仿品

玛瑙、玉髓的仿制品主要是玻璃。市场上也有用料器（见最后一章）、染色大理岩仿南红的。还有一种常见现象是产地作假：由于南红玛瑙、战国红玛瑙比较出名，所以有些商家经常把非洲和其他地区的玛瑙说成是南红玛瑙或战国红玛瑙。

六、玛瑙、玉髓的价格

（一）南红玛瑙

蛋面：蛋面形南红玛瑙（2~3厘米），要求质量高、颜色为柿子红，价格通常在300~600元/克。例如：1.1厘米×2厘米大小的椭圆形戒面，重3克质量好，满肉，1500元/块（500元/克）；1厘米×2厘米，质量较好的戒面，4000元/块；质量稍差或体形小（1厘米左右）的戒面，300元/粒。

挂件：通常数千元一件，好点的1万~2万元/件。

摆件：高12厘米，宽9厘米，质量比较好的南红摆件8.7万元/件，红色有点透的5.4万元/件。

项链、手链：有裂、较透的南红项链800元/串，较好的2000元/串。有裂纹、注胶的南红珠链20~50元/克。

（二）战国红玛瑙

手串：普通质量战国红玛瑙手串，直径15毫米的3500元/串，20毫米的4500元/串。北票亮丽黄红色稿玛瑙手串，直径13毫米，4万元/串。

项链：北票战国红玛瑙项链，0.6厘米×1厘米大小，质量一般的5000元/条，稍好的8000元/条。

戒面：1厘米×2厘米大小的战国红玛瑙蛋面，价格在3000~4000元/个，1.5厘米×2厘米的要3500元/个。

珠宝玉石简易鉴定手册（第二版）

▲ 玛瑙山子，柿子红南红玛瑙，材质好，雕工精细

（三）普通玛瑙

普通玛瑙的价格不贵，手镯在300~2000元/个，手链在100~500元/个，手把件数百元一个，小摆件数千元一个。

（四）中国台湾蓝玉髓

中国台湾蓝玉髓的价格很高，一般按克拉重量卖。其价格随质量变化比较大，便宜的中国台湾蓝玉髓要800元/克拉，顶级的要2000元/克拉以上。

（五）巴西东陵玉

巴西东陵玉属于石英岩玉或玉髓，呈绿色。其市场价格，以手串为例，直径6毫米的150元/串。直径1.5厘米的400元/串。巴西东陵玉手镯随颜色深浅，价格在500~2000元/个。

（六）新疆金丝玉

金丝玉是产于新疆戈壁滩的玉髓，价格也比较高。1~2厘米大小、质量中等的金丝玉随形珠，1000～2000元/个，批发价也要数百元一个。如果金丝玉有宝石光，价格就会非常贵。2厘米×1.8厘米大小、有宝石光的随形珠，5000元/个；2厘米×3厘米大小、有宝石光的随形珠则要2万元/个。

手镯：质量一般的手镯价格通常在800~3000元/个。

珠宝玉石简易鉴定手册（第二版）

第二十一章

青金石

▲ 青金石挂牌

　　青金石是一种古老的玉石，早在6000年前就已被中亚国家开发使用。在古埃及，青金石与黄金价值相当。而在古印度、伊朗等国，青金石与绿松石、珊瑚均属名贵的玉石品种。在古希腊、古罗马，佩戴青金石被认为是富有的标志。青金石在阿拉伯地区被称为"瑰宝"。而在中国，对青金石的使用则始于西汉时期，当时其被称为"兰赤""金蝉""点黛"等。青金石因其"色如天"，即所谓"帝青色"，所以很受中国古代帝王的青睐，常随葬墓中。时至今日，青金石以其鲜艳的蓝色赢得了各国人民的喜爱。青金石颜色端庄，易于雕刻，既可作玉雕，又可制首饰，所以至今仍保持着一级玉料的声望。

一、青金石的宝石学特征

青金石的宝石学特征如下，这是鉴定的主要依据。

矿物名称	化学成分	颜色	结构	其他物理性质	放大观察
青金石	$(Na, Ca)_8$ $(AlSiO_4)_6$ $(SO_4, S, Cl)_2$	深蓝色、紫蓝色、天蓝色、绿蓝色等，有白色条纹，含黄铁矿时蓝底上会呈现黄色星点	粒状结构	透明度：不透明 光泽：玻璃光泽至蜡状光泽 折光率：1.5 硬度：5~6 密度：2.7~2.9克/立方厘米	黄色黄铁矿、白色方解石，粒状结构

二、青金石的简易鉴定方法

青金石具有一种特有的深蓝色、紫蓝色，而且在蓝色上，有形状各异的黄色黄铁矿和白色方解石分布。青金石不透明，以表面的蜡状光泽、玻璃光泽为特征。它的摩氏硬度为5~6。大块的用于制作各种雕件，小的做把玩件、无事牌，也常常做成首饰，如项链、桶珠、手串、挂件等。质量特别好的青金石还可以做戒面。

▲ 青金石戒面　　　　　　▲ 青金石项坠　　　　　　▲ 青金石，表面有黄铁矿条纹

▲ 青金石，质量一般，可以明显看到黑色杂质和白色方解石，产自阿富汗

三、青金石质量好坏的鉴定

　　青金石饰品适合各色人群佩戴。购买青金石时，应选择深蓝色、颜色分布均匀、无裂纹、无杂质、质地细腻且有漂亮金星的。如果金星色泽发黑、发暗，或因方解石含量过多在表面形成大面积的白斑，其价值会大大降低。

四、青金石的"化妆"和"整容"

（一）优化

　　对青金石的优化方法主要是浸蜡和无色浸油。

（二）处理

　　对青金石的处理方法主要为染色。放大观察被染色的青金石时，会发现颜色沿裂隙分布或颗粒缝隙处的颜色浓。此外，如用蘸有酒精的棉签擦拭其表面，会发现棉签变蓝，但若是表面有蜡，就得先清除蜡层然后再进行测试。由于青金石颜色深，染色现象不易被发现。染色的鉴定特征为：纯天然

▲ 青金石平安扣

的青金石不会掉色，掉色的青金石一定是染色青金石。

五、青金石的常见仿品

青金石的仿制品有料器（玻璃）、染色大理石。

仿青金石的料器是由深蓝色玻璃质构成的，在其表面看不到黄铁矿，有玻璃光泽，断口呈贝壳状，性脆。

染色大理岩的硬度小，小刀容易刻动；其与盐酸反应起泡；无黄铁矿。

六、青金石的价格

目前国内的青金石主要来自阿富汗，通常按克卖。2015年时，青金石一般在40~100元/克。质量好的要数百元一克。质量较好的青金石圆珠手串，珠子的直径在1厘米左右、重46克的，批发价为2800元/串，约合60元/克。直径6~7毫米的手串，绕2圈的批发价为2800/串，绕3圈的4500元/串。直径1.5厘米的戒面批发价为100元/个。

第二十二章 珍珠

珍珠

▲ 钻石珍珠项链

　　珍珠以它的雅洁、高贵，一向为人们所钟爱，被誉为"珠宝皇后"。珍珠是世上唯一不需要任何修饰便可展现美丽的宝石。珍珠高雅名贵，不仅颇受历代王侯青睐，而且也为名人雅士所喜爱。慈禧喜欢古物珍宝，最爱珍珠。她的凤冠、寿字旗袍、鞋子上都有大量的珍珠，甚至还有珍珠披肩。有"铁娘子"之称的英国前首相玛格丽特·撒切尔夫人也特别喜欢珍珠，她认为珍珠是展现妇女优美仪态的必备珍品。

一、珍珠的宝石学特征

珍珠的宝石学特征如下，这是鉴定的主要依据。

化学成分	形状	颜色	其他物理性质	结构	放大观察
碳酸钙、有机质和少量的水	圆形、梨形、蛋形、泪滴形、纽扣形和任意形	白色、粉红色、淡黄色、淡绿色、淡蓝色、褐色、淡紫色、黑色等常伴有其他色	光泽：典型的珍珠光泽 折光率：1.530～1.686 硬度：2.5～4.5 密度：2.66～2.78克/立方厘米	圈层结构，由内部的珠核和外部的珍珠层组成无核珍珠，则没有中间大的珠核	珍珠的表面有各种形态的花纹，平行线状、平行圈层状、不规则条纹状、旋涡状等，珍珠表面常有一些瑕疵，如沟渠、瘤状突起等，也有光滑无纹的

二、珍珠的简易鉴定方法

（一）看光泽

天然珍珠具有典型的珍珠光泽，颜色分布自然。假的珍珠会被用塑料珠喷涂珍珠粉，色泽呆板、均匀。

▲ 珍珠胸花

▲ 各色珍珠项链

（二）看颜色

珍珠通常为白色、黄色和黑色，也有其他颜色，但少见。

（三）看表面特征

天然珍珠的表面有叠瓦状构造或曲线状纹理，甚至有一些凹坑或小的突起。

（四）看摩擦

天然珍珠用牙咬会有牙碜的感觉，仿制品用牙蹭则打滑。

▲ 不同颜色、大小的珍珠

（五）看形状

天然珍珠形状各异，特别圆的少且贵；仿制品通常非常圆。

▲ 白色珍珠挂坠

▲ 褐色珍珠吊坠

▲ 黑色带有绿色晕彩的珍珠戒指

▲ 黄色珍珠戒指

三、珍珠质量好坏的鉴定

　　根据不同的成因，珍珠可分为天然珍珠、养殖珍珠。天然珍珠根据水域不同可分为天然海水和天然淡水珍珠。养殖珍珠根据水域不同又分为海水养殖珍珠和淡水养殖珍珠。

　　天然珍珠主要产于波斯湾地区，又以巴林岛产出的珍珠为最好。伊朗、阿曼、沙特阿拉伯同样具有悠久的产珠历史。

　　养殖珍珠主要产于中国、日本。海水养殖的珍珠主要分布于中国南海海域及其北部地区，也称南珠。大溪地是世界著名的黑珍珠产地，占世界黑珍

▲ 黄色珍珠耳坠

▲ 黑色珍珠耳坠

▲ 珍珠挂坠　　　　　　　▲ 珍珠耳坠

珠产量的90%左右。南洋珠是指产自南太平洋海域的天然或养殖珍珠，产地包括澳大利亚、印度尼西亚和菲律宾等。淡水养殖的珍珠主要产于日本中部的琵琶湖和霞浦湖。中国淡水无核珍珠的养殖区主要分布浙江、江苏、上海、安徽、江西、湖南、湖北、四川等地，其中浙江、江苏产量较大。

选购珍珠主要从以下方面考虑：光泽、圆度、颜色、大小、表面的光滑程度。

（一）光泽

人们常说的"珠光宝气"中的"珠光"就是指珍珠的光泽。不同于其他宝石，光泽是珍珠的灵魂。好的珍珠可以看到晕彩，表面光滑的甚至可以映照出人影。

173

（二）颜色

珍珠的颜色是体色、伴色和晕彩的综合表现。白色纯洁优雅、黑色神秘高贵、粉色纯洁浪漫、金色华贵雍容……所以，选择什么颜色的珍珠，要根据个人喜好、肤色、服装、环境等决定。珍珠的常见伴色有粉红色、蓝色、玫瑰色、银白色和绿色等。伴色叠加在体色上，会使珍珠的魅力大增。一般黑珍珠的伴色有绿色、蓝色；粉红色珍珠的伴色为玫瑰色；白色珍珠则有玫瑰色、粉红色和其他颜色的伴色。

（三）圆度

珍珠的形状一般为正圆、圆、近圆、椭圆、扁平、异形等。珍珠越圆，价格越高，商业俗称的"走盘珠"就是圆度最好的。所谓"走盘珠"就是指把一粒圆珠放在平的盘子中；它会不停地滚动而不停止。

（四）大小

珍珠的颗粒越大，产出的量越少，因此古时有"七分珠，八分宝"的说法。总之珍珠越大，价格越高。

（五）珠面的质量

珠面的质量包括珠面的瑕疵多少和珠层的厚度。珍珠珠面的瑕疵主要有腰线、凹坑、病灶等，瑕疵越少，珠面越光滑；至于珠层厚度，一般珠层越厚，珍珠的质量越好。

▲ 黄色珍珠天鹅形坠

（六）匹配

无论是串成珍珠项链，还是与金、银、钻石等宝石搭配镶嵌，对珍珠的使用要讲求颜色、形状、整体效果等的和谐美。尤其是成套的饰品，更要求珍珠的颜色、光泽、大小、形状等要有一致性。匹配性越好，价值就越高。

四、珍珠的"化妆"和"整容"

（一）优化

常见的对珍珠的优化方法为漂白、增光。

（二）处理

对珍珠的处理方法主要有染色和辐照处理。

1. 染色珍珠

放大观察染色珍珠，会看到颜色在瑕疵或裂纹处聚集，有些会出现局部颜色分布不均的现象，如表面有点状沉淀物或色斑。

2. 辐照处理

珍珠经辐照可变成黑、绿黑、蓝黑、灰色等，表面上看珍珠晕彩浓艳，光泽强，可达到金属光泽。放大观察时可见辐照晕斑。

五、珍珠的常见仿品

最常见的珍珠仿品就是表面涂一层珍珠粉的塑料球。仔细观察会发现，其整体通常很圆、表面很亮、大小一致，价格便宜。此外，其珠面有鸡蛋壳一样的糙面，为均匀的粒状结构。用针挑钻孔处，会有皮脱落的现象。这种仿品没有天然珍珠的表面特征，打孔处常会露出塑料核。

六、珍珠的价格

单粒珍珠的价格主要取决于其直径、颜色、圆度、表面光洁程度。2015年初的国内市场上，养殖珍珠批发价格如下：直径14~15毫米，浅金黄色，表面光亮的，5000~5500元/粒；14毫米，金黄色，表面光洁度稍差的，4000元/粒；14毫米的黑珍珠，3500~4000元/粒；13~14毫米，完美级，颜色浓，无瑕的，7000~8000元/粒；19毫米，颜色好，但有不少瑕疵的，价格为20000元/粒。2012年底，一串南洋养殖的金色珍珠，直径13~15毫米，31粒，估价20万~25万元。

2013年的海外市场上，大颗粒的圆珍珠，直径12~13毫米，12~15克拉重，黄色的价格在250~310美元/粒，黑色的在170~240美元/粒。直径11毫米的价格为150美元/粒；10毫米以下的珍珠价格要低得多，9毫米的22美元/粒，8毫米的17~20美元/粒，7毫米的13~14美元/粒，6毫米的7~8美元/粒。

第二十三章

珊瑚

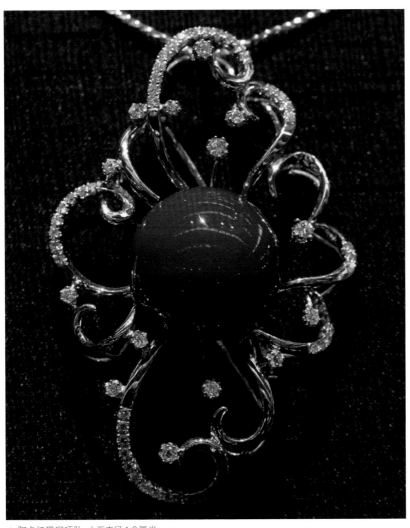

▲ 阿卡红珊瑚项坠，主石直径1.8厘米

　　珊瑚是权力和财富的象征，历代帝王的王宫里都有用珊瑚雕刻的各种装饰品。慈禧一生不仅爱权，而且爱美成癖，喜欢各种艳丽服饰，尤其偏爱红宝石、红珊瑚、翡翠等材质的牡丹簪、蝴蝶簪。英国女王伊丽莎白二世的第一条项链是红珊瑚制成的。常见的宝石珊瑚主要是红珊瑚和白珊瑚。

一、珊瑚的宝石学特征

珊瑚的宝石学特征如下，这是鉴定的主要依据。

化学成分	颜色	形状	结构	其他物理性质	放大观察
主要是碳酸钙、有机质，还有微量的铁、铝	红色、浅红到暗红或橙红色，也有肉红色	似树枝，古代称其为"火树"	树枝状结构	硬度：3~4 透明度：不透明或微透明 光泽：玻璃光泽至蜡状光泽 密度：2.65克/立方厘米 折射率：1.65	放射状、条纹状构造、虫穴

二、珊瑚的简易鉴定方法

（一）看外形

珊瑚树具有树状外形。

▲ 红珊瑚树，亲亲俩相好，中国台湾珠宝展

（二）看颜色

常见的红珊瑚的颜色为阿卡红、沙丁红、MOMO红、安琪儿等，它们与油漆、颜料是有明显区别的。

▲ MOMO 珊瑚，不透，颜　▲ 安琪儿珊瑚
色偏黄

▲ 深海粉珊瑚项链，直径 12~15 毫
米，171 克，7 万元，合 410 元 / 克

▲ 白珊瑚项链

▲ 沙丁红珊瑚项链，珠子大，精品级

▲ 珊瑚戒，珠型

　　其次看颜色的分布，染色珊瑚的颜色在表面，或者沿着裂隙分布。现在
染色水平在提高，甚至出现了被通体染色的珊瑚。真的阿卡红珊瑚的颜色主
体是红的，内部有细的白芯。通常珊瑚虫集中在珊瑚枝背面，所以背面的颜
色比正面浅，正面较光洁，颜色深。

（三）看表面和内部的结构

　　红珊瑚质地细密，珊瑚枝的纵面上通常有颜色深浅不同、波状细密的
纵向纹理，这些纹理用肉眼观察不清晰，而用来仿红珊瑚的海竹的纹理则

▲ 红珊瑚戒指，MOMO 红珊瑚，表面纵纹较粗　　▲ 阿卡珊瑚原枝，反面颜色不均匀，白芯显露，有孔　　▲ 阿卡珊瑚枝，背面有白芯露出

非常明显，质地粗糙。从横截面观察珊瑚，会观察到同心圆状生长纹理。珊瑚上都会看到珊瑚虫穴，它们集中在珊瑚的背面。黑珊瑚、金珊瑚的横截面为环绕原生枝管轴的同心环状结构，与年轮相似，其表层具有独特的小丘疹状外观。

（四）看手感

红珊瑚、白珊瑚的主要化学成分是碳酸钙，其密度比塑料、骨制品等仿品大，用手掂有沉重感。因此，红、白珊瑚的手感与天然大理岩类似，与玻璃、塑料等仿制品的手感明显不同。此外，表面覆膜的珊瑚与未覆膜的相比，手感也有明显区别。

（五）听声音

珊瑚珠互相碰撞时会发出清脆的声音，摩擦时则是"沙沙"的声音。这与非碳酸钙物质如塑料等的摩擦声明显不一样。

（六）看硬度

红珊瑚、粉珊瑚、白珊瑚的硬度是3.5~4。

（七）起泡检测

红珊瑚、粉珊瑚、白珊瑚的化学成分是碳酸钙，如果具备条件，在其表面点盐酸会强烈起泡。消费者需要注意，在珊瑚饰点盐酸属于破坏性检测。

三、珊瑚质量好坏的鉴定

评估珊瑚的质量可以从大小、质地、设计、工艺、颜色和品种等方面考虑。

（一）颜色和品种

宝石最直观的特征就是颜色。对于珊瑚，简单说就是越红越好。在国际市场上，不同颜色的红珊瑚在价格上有一个约定俗成的标准：阿卡红＞沙丁红＞MOMO红＞Angel Skin 粉红＞粉白＞白色。颜色越红，价格也越贵。这主要是由于红珊瑚的增值迅速，越来越多的投资者把目光转到红珊瑚上。收藏级宝石最重要的因素就是颜色，深红、浅红、牛血红、辣椒红、赤红、阿卡红、沙丁红等词语很难准确描述红珊瑚的颜色，色差一级，价差一大级。因此，消费者在挑选珊瑚的颜色时，要仔细选择、对比。

▲ 深海珊瑚算盘珠，红白色，有水压纹，2015年批发价为100元/克

▲ 粉色阿卡珊瑚，直径8毫米，2015年480元/克

▲ 阿卡红珊瑚项链，可以看到有白芯，沙丁红则没有

▲ 阿卡珊瑚，直径7毫米，左侧为红阿卡300元/克，右侧为浅色阿卡，只有70元/克，颜色更浅的50元/克

意大利人喜欢粉珊瑚，MISS珊瑚进入市场后，大多被意大利人购买。葡萄牙人则喜欢白珊瑚。和红珊瑚相比，白珊瑚更稀有，且价格相当低。纯净的白珊瑚非常高雅，受到部分人的喜爱，也许未来白珊瑚增值空间更大。深海珊瑚以其特有的白粉色迷倒不少珊瑚爱好者，目前它的价格较低，而且开采深海珊瑚的路途远、开采难度大，所以产量在减少。因此，谁能说它没有增值空间呢？

（二）大小

红珊瑚虫的生长速度极为缓慢。需要生长10~12年才能繁殖后代，珊瑚虫群体一般每年生长不超过1厘米，成活7年以上的群体，其主干也不足1厘米粗，故有"千年珊瑚万年红，万年珊瑚赛黄金"的说法。珊瑚树、枝的大小决定了珊瑚材质的大小，从而决定了产品的大小。当然，珊瑚产品越大、越稀有，价格越高。随着珊瑚总量的减少，大的珊瑚也会越来越少。对于阿卡红珊瑚圆珠，直径2厘米就达到收藏级；对于沙丁珊瑚圆珠，直径1.6厘米就达到收藏级。

▲ 珊瑚死枝，海水腐蚀形成空洞、颜色发黑

（三）质地

质地是容易被忽视的特征。质地的好坏，首先看其致密程度，密度要大，纹理要细，孔隙要少，没有裂纹，深水纹要越少越好。有虫穴、多孔、多裂纹者价值低。其次看光泽，光泽要亮丽，不能暗淡，倒枝、死枝珊瑚的光泽都不会太亮丽。

四、珊瑚的"化妆"和"整容"

（一）优化

对珊瑚的优化方法主要是漂白、浸蜡优化。经这些方法优化的珊瑚无需鉴定。

（二）处理

1.充填处理

充填处理主要是在珊瑚虫孔大的地方进行填充。鉴定特征为：充填的地方多有气泡，或者看到充填处的光泽明显不同于主体珊瑚。

2.染色处理

在染色珊瑚裂纹或坑洞中有颜色富集。

3.拼结处理

拼结处理是将小块的珊瑚拼接成大块的珊瑚后再进行加工，制成手镯、烟嘴等。在选购大件珊瑚制品时应放大仔细观察，看是否有接合缝。

▲ 客户购买的红珊瑚手镯，不小心摔碎了。原来内部是胶条，外部用红珊瑚碎片粘接而成

▲ 染色珊瑚链

五、珊瑚的常见仿品

珊瑚的仿制品主要有染色海竹、塑料、染色大理岩。

（一）染色海竹

海竹与珊瑚有一样的条纹状构造，只是海竹纹理粗，本色为白色。用海竹仿红珊瑚时，会将其表面染成红色。放大观察染色海竹，会发现其颜色在裂纹或纹理处明显更深。

▲ 染色海竹仿珊瑚，颜色在表皮

▲ 海竹珊瑚，竹节状，染色，内部为白色、土黄色

（二）红色塑料

红色塑料的颜色均匀，放大观察看不到任何纹理，有时可见气泡。手感轻而且涩。

（三）染色大理岩

放大观察大理岩时能看到粒状结构，在其颗粒缝隙中有明显的颜色分布。

六、珊瑚的价格

珊瑚的价格与产品形态有关，根据出成率的不同，珊瑚产品按价格由高到低的顺序排列是：珊瑚珠、椭圆形蛋面、几何形蛋面、珊瑚枝、珊瑚树。当然影响珊瑚产品价格的因素还有珊瑚的品种、大小、粗细。近两年珊瑚价

格有10%左右的降幅

（一）珊瑚枝

阿卡红珊瑚细枝，直径6毫米左右，7克重，市场价为650~1000元/克；直径8毫米的，市场价为1800~2200元/克。直径1厘米的阿卡红粗枝，重20克左右，市场价为4000~5000元/克。阿卡红1.5厘米粗枝弧面，市场价为7500~9000元/克。

（二）蛋面珊瑚

2厘米×1厘米的阿卡红珊瑚椭圆戒面，市场价为4500~6000元/克。3厘米×2厘米的阿卡红戒面，市场价为8000~10000元/克。

（三）珊瑚珠链

粉珊瑚项链，直径12~15毫米，171克，7万，合410元/克。沙丁红项链，直径7毫米，市场价为300~400元/克，总价为1万~2万元。直径大的要贵很多，9~10毫米的沙丁红项链，市场价为1000~1500元/克。深海白珊瑚项链，直径12毫米，150克，市场价为50~70元/克。直径2~3毫米管状珊瑚项链的价格比较便宜，根据其颜色、枝的粗细，价格在每克数十元或上百元。

（四）珊瑚单珠

直径1厘米的红珊瑚珠，1.7克，4000元/克；直径1.4厘米的红珊瑚珠，市场价为8000~10000元/克；直径1.8厘米的红珊瑚珠，市场价为1万~1.5万元/克。直径2厘米的阿卡红珊瑚珠的价格应在10万元以上。

（五）珊瑚雕件

白珊瑚观音雕件，市场价为100~120元/克。

（六）珊瑚树

阿卡红珊瑚树根据其树枝粗细、颜色、美观程度的不同，价格在1000~4000元/克。

第二十四章

琥珀、蜜蜡

▲ 蜜蜡念珠，108粒，小珠直径约10毫米，最大的桶珠长35毫米，售价为10万元左右

  自古以来琥珀就是欧洲贵族的传统饰品，也是欧洲文化的一部分。欧洲人对琥珀的迷恋丝毫不亚于中国人对玉的钟爱。古时候在欧洲，只有皇室才能拥有琥珀，于是琥珀便被用来装点皇宫和议院，成为一种身份的象征。此外，琥珀也被作为情人间的信物，就像今天的钻石一样。比如，人们将大颗的琥珀珠串成项链以作为结婚时必备的贵重珠宝。近几年国内的琥珀市场繁荣，在珠宝市场疲软的大背景下，琥珀市场一枝独秀。

一、琥珀、蜜蜡的宝石学特征

琥珀、蜜蜡的宝石学特征如下，这是鉴定的主要依据。

矿物名称	化学成分	颜色	熔点、燃点	其他物理性质	放大观察
琥珀	$C_{10}H_{16}O$	浅黄、蜜黄、黄至深褐色、橙色、红色、白色，少见绿色、淡紫色、蓝色	熔点：150~180摄氏度 燃点：250~375摄氏度	硬度：2~3 透明度：不透明至透明 光泽：玻璃光泽至树脂光泽 密度：1.08克/立方厘米 折射率：1.54	蚊子等动物、植物遗体、气液包体、旋涡纹、杂质、裂纹等。内有圆形和椭圆形气泡

二、琥珀、蜜蜡的简易鉴定方法

由于琥珀的熔点低，酒精灯的热度就使其熔化，因此仿琥珀非常容易。这就给我们的选购带来了一定的难度。一些常用的鉴定方法如下：

（一）观察

琥珀的颜色主要有淡黄色、黄色、黄褐色、白色，而鲜艳的红、绿、蓝、紫色"琥珀"都是仿制品。此外，含有大昆虫的物品也是假的，因为真正的虫珀里的昆虫基本上都得用放大镜才能看清楚。琥珀透明温润，从不同的方向观察琥珀会有不同的效果。有的琥珀中还有小的昆虫或植物碎屑，小昆虫在形态上有挣扎的感觉。而仿琥珀要么很透明，要么不透明；颜色呆板、不自然；内部的昆虫完整，没有挣扎的感觉。

▲ 小象雕件，波罗的海琥珀

▲ 蜜蜡菊花坠

珠宝玉石简易鉴定手册（第二版）

▲ 白蜜蜡如意小挂件

▲ 血珀

（二）掂分量

一般琥珀的密度为1.08克/立方厘米，手感非常轻，可在饱和盐水中悬浮；其他如塑料等仿制品的比重多数比饱和盐水重，会下沉。但也有部分塑料能在饱和盐水中悬浮，选购时要特别注意。

（三）加热或热针测试

用打火机直接烧烫琥珀的表皮，会有松香味、色变黑。同样地，将一根细针烧红后刺入蜜蜡或琥珀，然后趁热拉出，若产生黑色的烟及带着一股松香味就是真琥珀；若是冒白烟并产生塑胶辛辣味的即是塑料制品。另外在拉出针时，塑料制品会因局部溶化而黏住针头，会拉出"丝"来，琥珀则不会。当然，热针测试是一种破坏性试验。所以在购买时是用不上的。

（四）声音测试

将未镶嵌的琥珀珠子放在手中轻轻揉动，会发出很柔和且略带沉闷的声响；如果是塑料或树脂，发出的声音则比较清脆。

（五）硬度试验

用针轻轻斜刺琥珀背面时，会有轻微的爆裂感和十分细小的粉渣。如果是塑料或别的物质，要么是扎不动，要么是有很黏的感觉甚至能直接扎进去。

（六）内部纹理

天然的蜜蜡具有玛瑙一样的花纹；而蜜蜡的仿制品则有搅动纹，不规则。

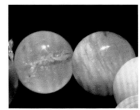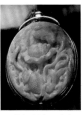

▲ 琥珀的颜色随气泡增多而变白　　▲ 连年有余，白蜜　　▲ 金搅蜜琥珀挂件　　▲ 太阳花琥珀项坠
蜡挂件

（七）外观形态

琥珀是一种非晶质体，能形成各种外形，常见的原料的形状有结核状、瘤状、水滴状或各种不规则形状等。琥珀的表面有一些年轮状或放射状纹理，还有的表面呈砂糖状。砾石状的琥珀则有一层不透明的皮膜。琥珀常常产于煤层中。

三、琥珀、蜜蜡质量好坏的鉴定

传统观念认为，精品琥珀应是黄色、透明无瑕的。20世纪70年代，现在的抚顺花珀、缅甸根珀的琥珀被认为是质地很次的琥珀，属于泥土琥珀（earth amber），抚顺花珀甚至被用来烧火。时至今日，欧洲人仍然认为透明的金珀是最好的琥珀品种。这是因为颜色纯正、透明、无瑕是优质宝石的必备特征，而金珀、明珀就恰好属于这种。

现在人们的观念开始变化。从过去只关注单一黄色的琥珀到现在开始追求多元化，血珀、蓝珀逐渐受到人们的追捧。因为它们的总量少，所以价格昂贵。近几年中国人热衷于蜜蜡，甚至出现了"蜜蜡热"，以至于一时间多数琥珀的名字都加了个"蜜" —— 变成了"蜜蜡"。从玉石学角度看，温润、质地致密、不透明或半透明者为上品，所以中国人喜欢蜜蜡，也算是玉文化的传承。其实在国外没有"蜜蜡"这个概念，我们常说的琥珀、蜜蜡都被称为琥珀（amber）。人们在追求蜜蜡的同时，发现白色蜜蜡也不错，于是白蜜蜡也开始受到欢迎。其实过去白色蜜蜡在国外也不算是好的品种，但随着人们观念的转变，部分好的白色蜜蜡也有了好听的名字，如皇家白琥珀、象牙白琥珀等，它们也都受到消费者的喜爱。但上述琥珀都是单色，使得当时琥珀种类太单一。在自然爆花琥珀的产量太少、花太小，满足不了要求的情况下，利用爆花工艺制作的花珀应运而生，满足了喜欢花珀的消费者的需求。此后，另一类花珀——抚顺花珀也逐渐受到欢迎。中国人喜欢古董，古董琥珀由于氧化都具有较深的颜色，现在老蜜蜡也受到了市场的追捧。

▲ 海珀手链，直径28~30毫米的蜜蜡，质量一般，400元/克

▲ 蜜蜡原石摆件

▲ 琥珀（中间透明者）和蜜蜡（两边的项链）

　　对琥珀好坏的评价取决于人的观念，这种标准会随时间改变，同一时期，不同的人对琥珀美丽的爱好也不一样。有消费者说："我要买最好的琥珀，哪种是？"商家的回答是："琥珀没有最好，只有您最喜欢、多数人喜欢等概念。"

消费者在追求质量的同时，容易走入误区：颜色要鲜艳的、净度要最好的、价格要最便宜的……其实那些都是虚的，越追求这些，买到假的概率越大。几千万年前自然界形成的天然的东西，就算有一尘不染、没有杂质的，数量也很少很少，而且琥珀本身的颜色就不是鲜艳亮丽的颜色。

国内市场认为老蜜蜡成色更好，药效更高，更有收藏价值。但老蜜蜡之所以珍贵，是因为其历史价值、岁月的沧桑和颇具历史感的颜色，因此它更适合收藏者和上年纪的人收藏和把玩。

四、琥珀、蜜蜡的"化妆"和"整容"

（一）优化

对琥珀的主要优化处理方法有热处理、无色覆膜。

1.热处理

热处理能加深琥珀的颜色，比如使其表皮变成黄褐色甚至红色，常用于模仿老蜜蜡或珍贵的血珀。热处理也可以净化琥珀，使琥珀变得更透明，由于热处理是由表及里，所以会出现琥珀的表面被净化而内部未净化的现象，这就是所谓的"金包蜜"。在热处理过程中产生的片状炸裂纹，被称为"太阳花""太阳光芒"或"睡莲叶"。热处理属于优化。

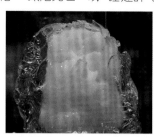

▲ 经净化处理的琥珀，表面透明，内部还是白色含气泡的不透明琥珀

▲ 双色爆花琥珀

▲ 雕花烤色琥珀

2.无色覆膜

无色覆膜可以增强琥珀的耐磨性，属于优化。鉴定特征为：放大观察其表面能看到凸起的小包，其内部处于朦胧状态。

（二）处理

对琥珀、蜜蜡的处理方法主要有染色处理、有色覆膜、充填处理。

染色处理

用于模仿棕红色、绿色或其他颜色的琥珀。天然绿色琥珀的颜色非常淡，我们常见的绿色琥珀多为染色琥珀。

五、琥珀、蜜蜡的常见仿品

琥珀的常见仿品有柯巴树脂、塑料、再造琥珀。

▲ 覆膜琥珀。在同一种琥珀的表面覆盖不同颜色的膜，就能呈现出不同的效果

▲ 染色绿琥珀，俄罗斯叶卡捷琳娜宫旅游纪念品商店销售

193

▲ 仿琥珀贵族蜜蜡

▲ 仿琥珀玻璃项链

▲ 仿琥珀中东蜜蜡

▲ 仿琥珀塑料手镯

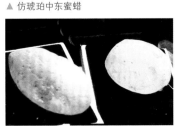

▲ 琥珀原石仿品，颜色很鲜艳

▲ 圣彼得堡 Northway 大型旅游购物店销售的假虫珀，内有巨大壁虎（标价9300卢布）或蝴蝶（标价5400卢布）

1. 柯巴树脂

柯巴树脂是琥珀的前身，是因年份不足未变成琥珀的半石化天然树脂。柯巴树脂中常含有昆虫，外观与琥珀极其相似，常被当做琥珀销售。下面向大家介绍三种鉴定方法。

溶解性测试：在其表面滴一小滴乙醚，并用手指搓，会立刻出现黏性斑点。此外，柯巴树脂对酒精更敏感，在其表面滴酒精或冰醋酸后会变得发黏或不透明，而琥珀则不会。现在仿冒技术越来越高，柯巴树脂经过脆硬技术处理后，硬度会有显著提高，从而降低了其对有机溶剂的溶解度，使鉴定难度加大。

▲ 压合柯巴树脂仿老蜜蜡

▲ 柯巴树脂珠

荧光测试：柯巴树脂基本没有荧光反应。但也有例外，现在有些被处理过的柯巴树脂也会有荧光反应。

包裹物：柯巴树脂产自热带森林，其内部也常包裹有昆虫。其中的昆虫多为近、现代的，通常比较大，触须短；琥珀中昆虫年代老，个体小，触须长。此外还经常见后期注入昆虫的假虫柯巴树脂，因为柯巴树脂熔点低，约为150摄氏度，用来制作假虫珀会更容易。

2. 再造琥珀

再造琥珀也就是人们常说的二代琥珀，是用琥珀碎块熔结而成的，所以

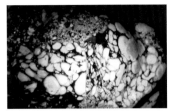

▲ 粘接琥珀。琥珀呈碎块状，琥珀之间黑色的物质为胶

▲ 压制琥珀，在荧光下，不同颗粒的发光效果有明显差异

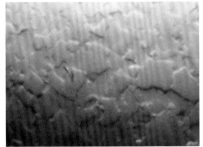

▲ 压制琥珀，在放大镜或显微镜下呈现碎粒状结构

▲ 压合琥珀的表面凹凸不平，呈现碎粒结构

常用来仿制琥珀。鉴别特征如下：

（1）再造琥珀常含有定向排列的扁平拉长气泡；天然琥珀内的气泡则为圆形。

（2）再造琥珀有时含有未熔化物质，具有粒状结构，琥珀颗粒间可见颜色较深的表面氧化层。在抛光面上，可见因硬度不同而产生的凹凸不平的现象。

（3）在短波紫外线的照射下，再造琥珀的荧光比天然琥珀强，为明亮的白垩状蓝色荧光。由于荧光的不均匀，会表现为粒状结构发光现象。天然琥珀会产生浅蓝色、白色或浅黄色荧光，再造琥珀的颜色一般为橙黄色或橙色。

（4）再造琥珀具有明显的流动构造或糖浆状搅动构造，可以观察到碎片搅动的状态和旋涡状态。此外，它还具有不规则的纹路，这种纹路也被称为"血丝"或"萝卜丝"，"血丝"的颜色边界是闭合的。

（5）目前新品种的压制琥珀在原来的基础上有了很大改善，过去可以看到的血丝状构造现在不可见，取而代之的是粒状"镶嵌"结构、碎斑-碎基结构、碎粒-碎基结构、碎粉结构、红色斑点结构、碎块胶结构等。"太阳花"

经过二次复合处理沿裂隙分布。蓝珀中可见紊乱的流纹，还有面包渣状、破管状等形状怪异的包体。蜜蜡中还有叶脉状、丝瓜瓤状流动纹。

（6）常用烤色工艺使再造琥珀表皮颜色变深，这样就加大了分辨的难度。想要鉴别这种琥珀，需要在强光下进行观察。

（7）再造琥珀的内部通常不会有昆虫，因为商家不会拿虫珀去制作再造琥珀。

（8）再造花珀的花纹不连贯，常出现断层。其白色部分不是整体成片出现，在紫外线下有碎块感、砂粒感。

六、琥珀、蜜蜡的价格

（一）波罗的海琥珀、蜜蜡

蜜蜡珠链：普通质量，直径10毫米的蜜蜡珠链，市场价为130元/克。直径15毫米黄蜜蜡珠链，市场价为240元/克，好的要400元/克。直径16毫米的质量好的黄蜜蜡珠260元/克，中等质量的240元/克。直径20~25毫米的黄蜜蜡珠280元/克。直径18毫米的白黄蜜蜡珠320元/克。直径28~30毫米，质量一般的蜜蜡珠，市场价为400元/克。直径40毫米的黄蜜蜡球，市场价为400元/克，好的600元/克。

黄蜜蜡雕件：10~30克，质量较好的，市场价为180元/克。90克，呈红黄色，质量好的280~400元/克。质量好的蜜蜡雕件

▲ 缅甸琥珀手镯，标价3.2万元

要600元/克。

白蜜蜡：白蜜蜡价格比较高。波兰人卖的白蜜蜡，3厘米×6厘米，质量较好的700元/克，质量最好的每克要上千元。

血珀珠链：直径18毫米的血珀珠链290元/克，直径14毫米的血珀珠链220元/克。波兰人卖的血珀珠链，直径约20毫米，说是纯天然的，要价350元/克。

波兰棕红琥珀，有好多天然太阳花，50克大小的，市场价为360元/克，总价1.8万元。波兰透明琥珀雕件200~300元/克。

老蜜蜡，直径4厘米的厚饼，750元/克；直径2.5~3毫米的，550元/克。

虫珀：立陶宛虫珀，20克，内有一只大的蟑螂8000加元/块；有一只苍蝇的1.5万元/块；有一条好看的毛毛虫的3万元/块。

（二）缅甸琥珀、蜜蜡

10~20克的金蓝珀，200~300元/克。

手镯：通常在2万~5万元/个。质量较好的缅甸柳青琥珀手镯4万元/个。根珀手镯7000元/个。

（三）多米尼加蓝珀

蓝珀珠链：好的多米尼加蓝珀珠，直径6~30毫米，市场价在3000~10000元/克。因此，质量较好的多米尼加珠链的行情为：直径10毫

▲ 多米尼加蓝珀手镯，颜色蓝，手镯料大。它是高级收藏品，要价90万元

▲ 多米尼加蓝珀圆珠，有自然光

▲ 精品多米尼加蓝珀挂坠

米的市场价为6500元/克；直径11毫米的市场价为7500元/克；直径14毫米的市场价为7000元/克；直径33毫米的市场价为1万元/克。

　　蓝珀手镯：多米尼加蓝珀手镯非常珍贵，质量非常好、蓝色厚重的多米尼加手镯，要价90万元/个；直径8厘米大小的，要价50万元/个。

　　蓝珀戒面：3克拉的优质蓝珀1.3万元/克。2克拉，呈橘黄色，质量一般的蓝珀3800元/克。1克拉的黄蓝珀2300元/克。

▲ 墨西哥蓝珀挂件，质量较好

▲ 抚顺琥珀戒指

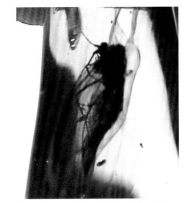

▲ 立陶宛虫珀，苍蝇身体侵染了周边琥珀

蓝珀挂件：10克大小的3000元/克，红皮的略贵，3500元/克。

（四）墨西哥蓝珀

珠链：直径6毫米，发蓝绿色的黄色项链，批发价为110元/克。直径10毫米的墨西哥蓝珀，批发价为100元/克左右；直径14毫米的220元/克；直径18毫米的320元/克。

戒面：30毫米×20毫米的黄蓝色戒面，批发价为500元/克。

小雕件：10~20克，蓝色较好的，260元/克；差一级的240元/克。

（五）抚顺琥珀

抚顺琥珀以存货为主，价格比海珀贵。透亮的抚顺琥珀的价格是海珀的5~10倍。2014年8月的抚顺琥珀价格如下：

小雕件：5~10克，出成率高，根据质量不同，价格在100~1000元/克左右。

珠链：直径8毫米的珠子，透亮，价格在1500元/克。抚顺蜜脂，直径10~13毫米，价格为3000~5000元/克。

抚顺虫珀：1克左右蜘蛛虫珀4000元/件，2克左右蚂蚁虫珀6000元/件。

第二十五章

常见宝石仿品及处理方法鉴别

▲ 仿水晶玻璃球，颜色鲜艳，天然水晶没有这么鲜艳的颜色

一、常见仿品

（一）玻璃

玻璃是最常见的宝石仿制品，可以用来仿制多种珠宝玉石。不要以为你认识玻璃，用来仿宝石的玻璃和普通玻璃不同，通常是由二氧化硅（石英）和少量元素（如 Ca、Na、K、Pb、Ti、Al、Ba）的氧化物组成。依据所仿宝石品种不同，改变各元素的组成比例。玻璃的鉴定特征主要包括：

1. 光泽、透明度

玻璃有光泽，透明度好。玻璃被覆膜后会有晕彩。

2. 外观特征

玻璃仿的宝石由于价格低廉，商家为节约成本常常不采用切割、抛光，而是使用模具压膜制造。因此制造出的玻璃表面常有麻点，俗称"橘子皮"，棱角则相对圆滑。

▲ 各色玻璃仿水晶坠，长2~3厘米，特点是透亮、纯净、颜色鲜艳

▲ 绿色玻璃戒面，仿石榴石、碧玺

3.硬度、断口

玻璃摩氏硬度通常为5~6，硬度小，常常被磨损、划伤，两个刻面的相接处常被磨圆。多数玻璃的断面呈贝壳状断口。

4.包裹体

玻璃的内部常有气泡，气泡多为圆形或椭圆形。

5.折射率、密度

不同的玻璃折射率也不同，通常为1.47~1.95。其密度的变化也比较大，为2.3~6.3克/立方厘米。其中，铅玻璃的密度最大。

6. 光学性质

玻璃为均质体，透过玻璃球能看到细线，不会有重影。

（二）塑料

塑料是人造有机材料，种类很多，我们常见的有机玻璃也是塑料的一种。最早用于仿宝石的塑料是赛璐珞，现在主要是合成树脂塑料。塑料可以仿制琥珀、象牙、珊瑚、珍珠、贝壳、欧泊、绿松石、翡翠、和田玉、红宝石、祖母绿、钻石、紫晶等。其鉴别特征如下：

▲ 琥珀的仿制品，颜色亮丽。它也可仿冒太阳花琥珀

▲ 市场上销售的琥珀原石仿品，皮子很新，均匀一致

1. 硬度

塑料的硬度很低，其摩氏硬度为1~3，很容易被硬的物质刻划出痕迹。

2. 外观

塑料的光泽通常不如宝石美丽，多为树脂光泽至亚玻璃光泽、蜡状光泽。由塑料制成的仿品通常属于低仿，多为模具制作，而不会像宝石一样经切磨、抛光。此外，塑料制成的宝石仿品的表面上有铸模痕迹，如刻面棱线圆滑、表面不平、有"橘子皮"等。

3. 内部特征

常有圆形气泡和流动的痕迹。

4. 折射率、密度

塑料的折射率为1.46~1.70。密度为1.05~1.55克/立方厘米。

5. 导热性

导热性差，手摸后不会有珠宝玉石那样的沁凉。

6. 热针试验

用热针刺入塑料会使其熔化或烧焦，并伴随刺鼻的气味和烟雾。

（三）粉末黏合

料器在市场上很普遍。所谓"料器"，即是用石粉、胶和燃料仿冒许多珠宝玉石，这种方法常用于仿冒绿松石、南红玛瑙、和田玉等。这里的石粉可以是各种硅质、碳酸盐、黏土、煤粉等。鉴定时主要看胶，许多胶用热针刺入会熔化并伴随有刺鼻气味。用放大镜观察，可以看到石粉的粉状构造和气泡。

▲ 粉末黏合，仿南红玛瑙弥勒佛，高约30厘米。颜色假，真南红几乎找不到这么大的料

二、常见优化、处理方法

（一）覆膜处理

覆膜处理分为有色覆膜和无色覆膜，目的是改善宝石表面的颜色、光泽、光洁度，掩盖宝石的缺陷，如坑、裂、摩擦痕迹等。覆膜不是我们通常理解的贴一层薄膜。覆膜的材质多为人造树脂。

▲ 镀膜玻璃坠

1.涂覆处理

即采用喷涂的方法覆膜。鉴定特征就是：喷涂经常不均匀，摩擦后容易起皮；用针刺后可以把覆膜表皮剥离，在孔洞、裂隙等处覆膜层厚，颜色深；由于有的地方（如打孔处）没有覆膜，放大观察其表面会看到凸起的小包。

2.镀膜处理

采用沉淀、喷镀技术将膜均匀喷涂在宝石表面，膜非常薄，就像照相机镜头表面的镀膜。最大的鉴定特征就是，镀膜会产生彩虹效应。彩虹黄玉、晕彩水晶、晕彩贝等就是这种方法做出来的。

（二）填充注胶

充填有两类：一类是充填裂隙和表面孔洞，目的是掩盖瑕疵；另一类是为了加固、改色，比如面松绿松石内部有孔隙，整体疏松，脆性大，加工时容易崩裂，就需要注胶。注胶又分为无色注胶和有色注胶，有色注胶相当于注胶加染色。

鉴别注胶处理的方法就是观察其表面特征，注胶处通常会在表面形成凸起。此外，因为胶中含有气泡，热针试验时也会有反应。

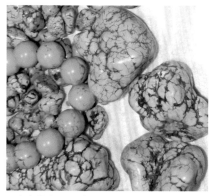

▲ 经充填处理的绿松石　　　　　　　▲ 经充填处理的红宝石

（三）辐照处理

　　辐照处理是用带电粒子、中子、γ射线照射宝石，使其产生或改变颜色。辐照带来的问题有两个：一是产生或改变的颜色能持续多久；二是是否有辐射残留，从而对人体健康产生影响。对经过辐照处理的宝石通常没有好的鉴别方法。

▲ 经染色充填的海绵珊瑚　　　　　　▲ 染色发晶手镯

（四）染色处理

　　经染色处理的珠宝玉石，其颜色沿裂隙、孔隙分布，过于鲜艳且不均匀。用棉花球蘸酒精或有机溶剂擦拭其表面，常会有掉色现象。